THE
KID'S BOOK
OF THE
Elements

AN AWESOME INTRODUCTION TO EVERY KNOWN ATOM IN THE UNIVERSE

视觉之旅 写给孩子的 化学元素

[美]西奥多·格雷（Theodore Gray）著　陈晟 译

人民邮电出版社

北　京

图书在版编目（CIP）数据

视觉之旅：写给孩子的化学元素 /(美) 西奥多·

格雷 (Theodore Gray) 著；陈晟译. -- 北京：人民邮

电出版社, 2024. -- ISBN 978-7-115-64660-6

I. O611-49

中国国家版本馆 CIP 数据核字第 2024YC9931 号

◆ 著　　　[美]西奥多·格雷（Theodore Gray）
　　译　　　陈　晟
　　责任编辑　刘　朋
　　责任印制　陈　犇

◆ 人民邮电出版社出版发行　　北京市丰台区成寿寺路 11 号
　　邮编　100164　电子邮件　315@ptpress.com.cn
　　网址　https://www.ptpress.com.cn
　　优奇仕印刷河北有限公司印刷

◆ 开本：889×1194　1/20
　　印张：6.4　　　　　　　　2024 年 11 月第 1 版
　　字数：153 千字　　　　　2024 年 11 月河北第 1 次印刷
　　著作权合同登记号　图字：01-2023-5158 号

定价：59.90 元
读者服务热线：(010)81055410　印装质量热线：(010)81055316
反盗版热线：(010)81055315
广告经营许可证：京东市监广登字 20170147 号

内 容 提 要

在生活中，你接触的每一个人和物体都是由化学元素构成的，其中包括你和这本书。可以说，化学元素是构成世界的基石，也是我们了解世界的一个很好的窗口。在本书中，著名科普作家西奥多·格雷向我们讲述了已知的118种化学元素的有趣故事和奇妙应用，并通过大量精美的图片向我们展示了一个五彩缤纷的化学世界，以满足我们的好奇心。

本书适合广大中小学生阅读。如果你想了解关于化学元素的更多知识，请关注西奥多·格雷所编写的"化学三部曲"。

译者序

能够又一次翻译西奥多·格雷的新书，我感到很荣幸。这本书延续了他的风格，图多字少，但科学性是完全没有问题的，知识浓度也高，绝不掺水，是一本货真价实的科普读物。

从定位上说，格雷的《视觉之旅：神奇的化学元素（彩色典藏版）》适合各个年龄段的读者阅读，尤其适合中学生阅读；《视觉之旅：神奇的化学元素（少儿版）》适合小学低年级学生及学前儿童阅读；而这本书是给小学中高年级学生看的，对于刚接触化学的初中生来说也有参考价值。如今，这个年龄段的孩子的知识储备已经远超当年的我们，而这本书可以帮助他们把世界认识得再深刻一点，把所学的知识再系统化一点，从而拥有超越同龄人的认识高度。当然，这种"助推"并不是必需的，全看家长和孩子们如何取舍了。

为了讲好这些化学元素的故事，格雷为每种化学元素都精心选择了一个应用场景或者背景故事，一下子拉近了化学元素和读者之间的距离，也降低了阅读门槛。而为之配上的图片，有些堪称惊艳，比如镍元素、溴元素；有些则别具匠心，比如钚元素、碳元素。对于求知欲正旺盛的孩子们来说，这些有趣的故事会成为他们深入元素世界、提高认识维度的阶梯与向导，这些漂亮的图片会让他们接触一个更加鲜活的化学世界。

总之，相信这本书能够为读者所喜爱，也能为他们打开一扇了解世界的窗口，满足他们的好奇心。

愿你能从书中获益。

陈晟

2024年6月18日于成都红光

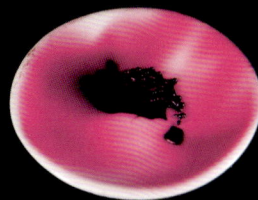

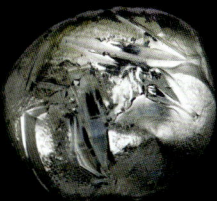

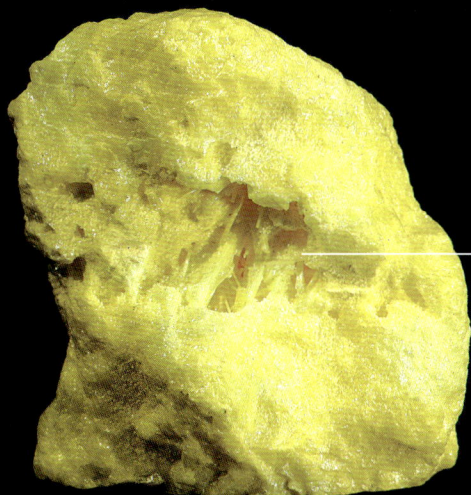

收集元素的乐趣

元素周期表是什么

　　元素周期表就是元素的通用目录。这是一个"砖块"的列表，而这些"砖块"构成了你生活的这个世界上的一切东西。（当然，有些东西，比如说爱、光、逻辑、时间等，并没有被包含在元素周期表中，你也不能触摸它们。）

　　你能触摸到的一切物体，无论是地球、这本书还是你的脚，都是由元素组成的。举个例子，你的脚主要是由氧元素组成的，再加上一些碳元素和氢元素，以及微量的其他几种元素。地球主要由4种元素组成，它们分别是铁、氧、硅和镁。这本书主要是由碳、氧和氢等元素组成的。这只是一个开始。在这本书里，我们将看到元素周期表内所有的118种元素。

元素周期表的形状

1																	2
3	4											5	6	7	8	9	10
11	12											13	14	15	16	17	18
19	20	21	22	23	24	25	26	27	28	29	30	31	32	33	34	35	36
37	38	39	40	41	42	43	44	45	46	47	48	49	50	51	52	53	54
55	56		72	73	74	75	76	77	78	79	80	81	82	83	84	85	86
87	88		104	105	106	107	108	109	110	111	112	113	114	115	116	117	118

57	58	59	60	61	62	63	64	65	66	67	68	69	70	71
89	90	91	92	93	94	95	96	97	98	99	100	101	102	103

元素周期表为什么是这种形状的呢？这并不是一个随机的巧合，也不是因为这样排列更好看。元素周期表的形状是由每种元素的原子决定的，确切地说是由原子中电子的排列方式决定的。

原子通常由3种不同的亚原子粒子组成，这些亚原子粒子分别叫作质子、中子和电子。对于某种特定的元素而言，它的每个原子的原子核里都有相同数量的质子。这个数字称为该元素的原子序数。比如，每个氧原子的原子核里有8个质子，因而氧元素的原子序数就是8。通常，每个原子里还包含不同数量的中子，但对于某种特定的元素而言，原子中含有的中子数不一定总是相同。此外，在围绕原子核的轨道上，你会发现电子的数量恰好等于原子核中质子的数量。

元素周期表正是按照原子序数来排列各种元素的，排列方式为从左到右，从上到下（有时一行之中会有一定的空隙）。第一行，在氢元素（原子序数为1）和氦元素（原子序数为2）之间有一个很大的空隙。接着往下看，下面两行里的空隙变小了一些。这种现象看似偶然，实际上并非如此。空隙的存在，让同一列中各种元素的原子的最外层电子数相同。而这些电子就是参与构成化学键的电子，直接决定这一列元素的化学性质。每一列元素或者相邻的几列元素会形成一个化学性质相似的族。让我们来看看这些族吧。

　　除氢外，第一个族（也就是元素周期表中最左边的那一列）中的元素称为碱金属元素。这些元素的共同特点是你把它们扔进湖水里时可能会发生很有趣的事情。也就是说，当你把一块碱金属（比如说钠，原子序数为11）扔进水中时，就能看到剧烈的爆炸。我说这可能会很有趣，是因为这取决于你的操作是否正确：结果可能是令人兴奋的，也可能是非常危险的。这就是化学，它足够强大，能做很多了不起的事情；但它也足够危险，能造成可怕的后果。如果你不尊重化学的力量，它就会狠狠地咬你一口。

　　第二族中的元素称为碱土金属元素。它们的性质与相邻的碱金属元素相似，但并不会发生爆炸。当你把它们丢进水里时，它们的反应会慢得多，也平静得多。

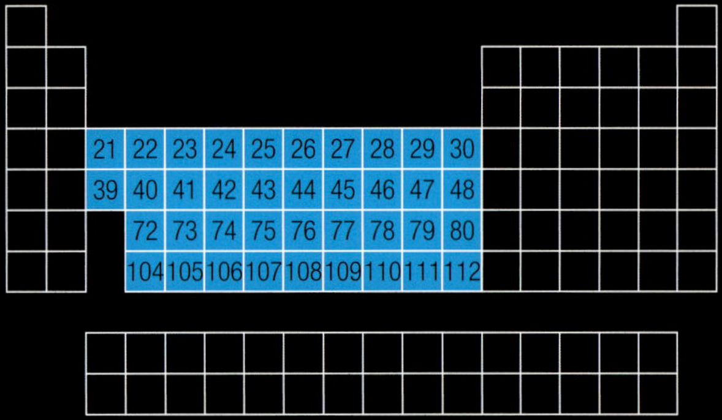

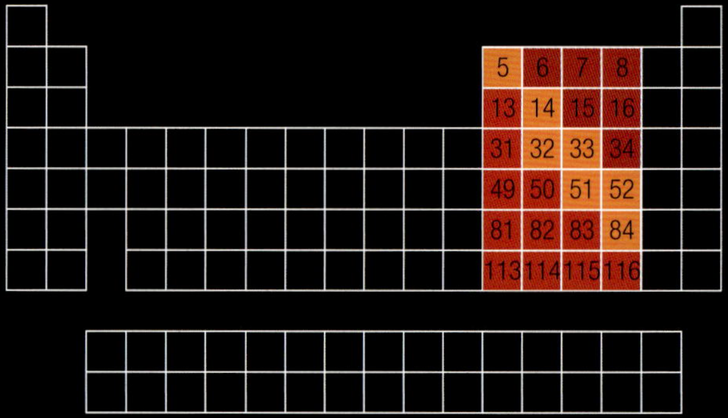

占据元素周期表中间位置的那几列元素称为过渡金属元素。当提及金属时，你可能会联想到一些坚硬的东西。没错，除了汞（原子序数为80）之外，所有的过渡金属确实都相当坚硬。它们是元素周期表的主力，从建造摩天大楼到制造飞机都会用到它们。

你注意到这几列元素的左下角有两个空缺的区域了吗？它们是为镧系元素和锕系元素预留的。而下一个元素区块实际上包含了3类不同的元素。

在上图中，左下角红色三角形区域中的那些元素称为普通金属元素，右上角红色三角形区域中的元素称为非金属元素，而介于二者之间的橙色区域中的元素称为类金属元素，因为这些元素的有些性质像金属，有些性质不像金属。

元素周期表中右数第二列的元素称为卤素。这一族中的元素都特别令人讨厌，当它们独自出现的时候，其臭味和火暴脾气都是人所共知的。但它们与其他族中的元素结合在一起时，可以变成非常温和的东西，比如牙膏[1]和食盐。

元素周期表中最右侧的那一列元素称为惰性气体（又称为稀有气体、贵族气体）元素，这听起来很花哨，对吧？这个名字源于一个事实：这些元素就像国王和其他王室成员一样，不会和平民混在一起。除了偶尔能和氟元素（原子序数为9）发生反应之外，它们几乎不会形成别的化合物。[2]

[1]这里指的是含氟牙膏中添加的氟化钠。——译者注
[2]原文的意思是"不会形成任何别的化合物"，这种说法不准确，因为惰性气体元素形成的非氟化物确实存在，比如2017年发现的氦化钠。——译者注

57	58	59	60	61	62	63	64	65	66	67	68	69	70	71
89	90	91	92	93	94	95	96	97	98	99	100	101	102	103

　　有时候，你会看到一些元素周期表把镧系和锕系元素插入预留的空缺处。这样就会造成元素周期表变得非常宽。所以，在你通常看到的元素周期表里，镧系和锕系元素都是在底部单独排成两行的。

现在，你已经从整体上看过了元素周期表，也知道了各种元素是如何排列组合的。在本书接下来的部分，你将和这118种元素一一碰面。

名词解释

合金：由一种金属元素与另一种或几种金属元素或非金属元素混合而成。

阳极氧化：让电流通过金属表面，从而形成一层坚硬的氧化物，起到保护金属的作用。

原子：由原子核（包含质子和中子）以及分布在围绕原子核的轨道上的电子组成的微小的物质粒子。每个原子都属于某种特定的元素，这是由其原子核中质子的数量来决定的。比如，拥有6个质子的原子就是碳元素的原子。质子的数量也称为该元素的原子序数。

化合物：含有两种或两种以上的元素，这些元素的原子按照特定的比例，以某种化学键结合在一起。（化合物和合金的区别在于，合金里各种元素的原子在数量上并没有固定的比例。）

电子：一种亚原子粒子（比原子要小），带有一个负电荷。电子能在原子之间形成化学键，从而组成化合物。

发射线：原子或化合物在被火焰或电弧等加热时所发出的具有特定波长（颜色）的光线。

半衰期：在某种放射性元素的样品中，一半原子发生放射性衰变所需要的时间。（衰变意味着原子核中的能量被释放出来。）在本书中，如无特别说明，半衰期均指某种元素的半衰期最长的同位素的半衰期。

惰性：抗拒参与化学反应的能力。

同位素：同一种元素中拥有相同的质子数而中子数不相同的原子。

中子：一种亚原子粒子，不带电荷。在绝大多数元素的原子核中都能找到中子。

矿石：从地下挖出来的原材料，可以通过化学或电解等方式转化为有用的材料。大多数矿石的主要成分是氧化物，比如铁矿石的主要成分是氧化铁，铝矿石的主要成分就是氧化铝。

氧化物：由氧元素和另一种元素所组成的化合物。

颜料：一类化合物的统称，它们具有特别的颜色，因而可以用于书写和绘画等。

质子：一种亚原子粒子，带有一个正电荷。一个原子所含有的质子的数量决定了该原子属于哪一种元素。这个数字又叫作该元素的原子序数。

反应活性：指某种单质或化合物参与化学反应的难易程度。活泼的物质可能意味着危险，因为它们遇到其他物质（包括你的皮肤和肺部细胞）时往往能迅速发生反应，并释放大量的能量。

超导体：一类材料，在一定条件下允许电流不受任何阻碍地通过它们。

H

1

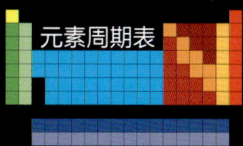

元素周期表

　　氢气是所有气体中最轻的，甚至比氦气（氦元素的原子序数为2）还要轻。因此，氢气球会飘浮在空中。氢也是宇宙中含量最丰富的元素。太阳每秒要消耗6亿吨氢，并将其转化为5.96亿吨氦。是的，每秒消耗6亿吨，日夜不休。其中，400万吨的差额则按照爱因斯坦著名的质能方程$E=mc^2$转化为能量。这就是太阳所发出的光和热，我们所有人的生存都离不开它。

氢

He

2

元素周期表

氦

　　氦的名字来源于希腊神话中的太阳神赫利俄斯，因为人们发现它存在的第一条线索是太阳光谱中出现的那几根暗线无法用当时已知的其他元素来解释。这就让氦成为在地球之外发现的第一种元素。从那以后，人们常把它充进节日里的气球中。

Li

▶ 锂非常柔软，我们用普通的剪刀就可以在锂的表面划出痕迹来，比如右图中的这块金属锂。

元素周期表

锂是一种非常柔软、轻盈的金属。它真的太轻了，甚至可以漂浮在水面上。锂用来制造锂离子电池，从而为各种电子设备（从手机到电动汽车）提供能量。

锂

Be

4

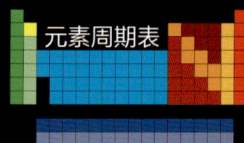

元素周期表

铍

铍是一种非常轻、非常坚固的金属，而且很耐腐蚀。当然，它也非常昂贵。铍用于制造导弹、火箭和宇宙飞船上的零部件。这时似乎就没有人关心成本问题了，主要考虑的是它那既坚固又轻盈的特性。

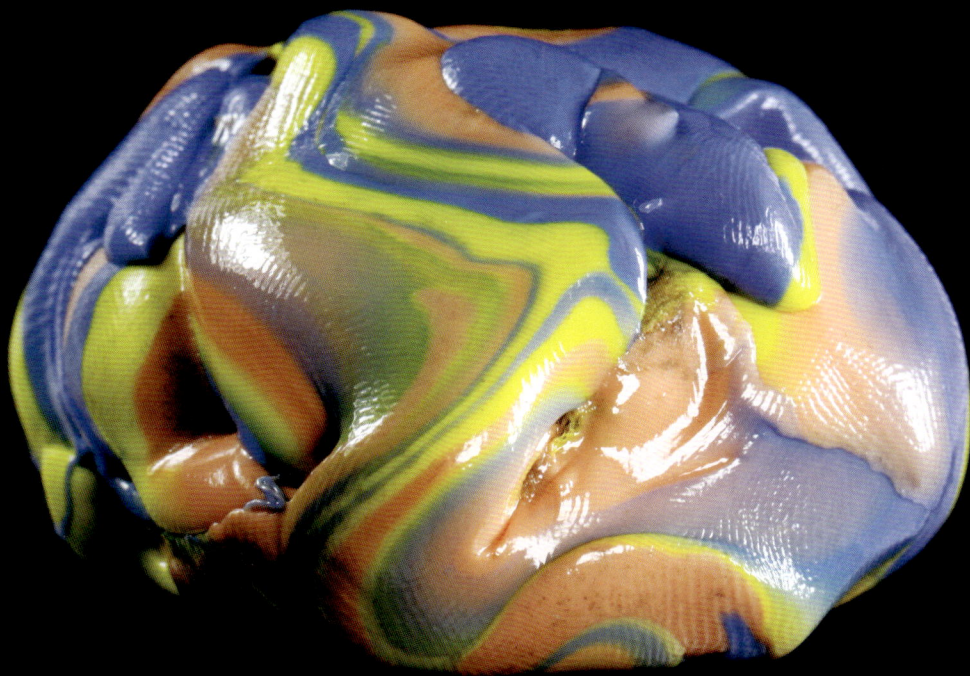

► 傻宝彩泥（Silly Putty）的弹性来自它的化学结构中硼原子的彼此交联。

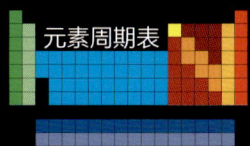

元素周期表

"硼"的发音就像"砰"，这个名字听起来有点好玩。尽管如此，硼其实有很多非常特殊的用途，我很确定。比如，正是它赋予了傻宝彩泥惊人的能力：这种彩泥捏起来很柔软，可以随便塑形，但当你把它扔到墙上时，它又显得很有弹力、很坚韧。硼元素可以形成碳化硼，也许有一天碳化硼会被证明比钻石更坚硬（钻石是人们在自然界中发现的最硬的物质）。

硼

C

6

◀ 钻石恒久远，但是不禁烧。如果你把钻石烧掉，它就会变成二氧化碳。

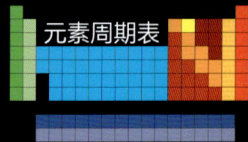
元素周期表

碳

　　碳是地球上有生命以来最重要的元素。它构成了DNA双螺旋结构的骨架，因此我们也可以说它就是地球上所有生命的骨架。除了水和骨骼之外，你体内的几乎每个分子都含有碳原子，如脂肪、肌肉、酶类、头发、指甲、粪便等均含有碳原子。它们都是由有机化合物组成的，而有机化合物的主要组成元素都是碳。

► 一个真空烧瓶（杜瓦瓶）里面盛着液氮，其沸点约为零下196摄氏度。

元素周期表

在地球的大气层中，约78%的物质是氮气，约21%的物质则是我们需要用来呼吸的氧气（氧元素的原子序数为8）。氮元素存在于许多化合物之中。在空气里，它是以氮气的形式存在的。而在化学领域中，最重要的突破之一就是人们发现了一种从空气中提取氮元素并用其来生产富含氮元素的肥料的方法。如果没有这些氮元素来支持农作物的生长，地球上的许多人都将不复存在。

氮

O

8

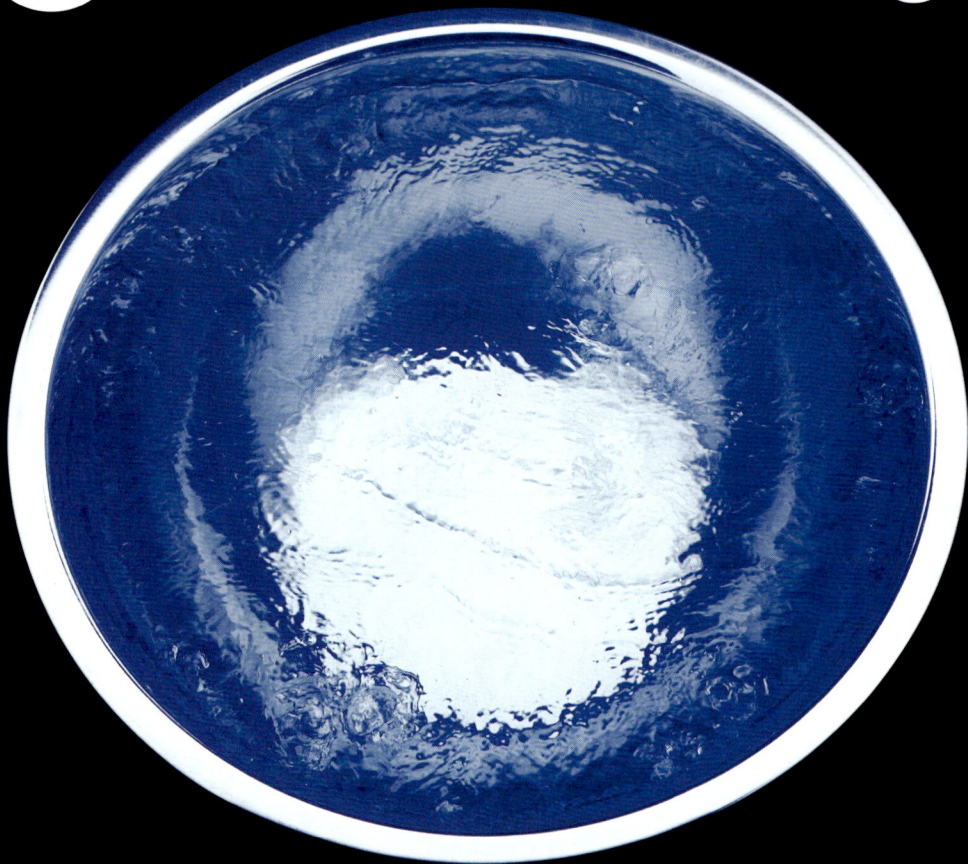

◄ 在大约零下183摄氏度时，氧气会变成一种漂亮的浅蓝色液体。

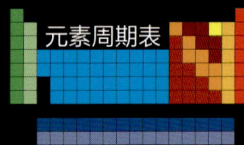

元素周期表

氧

氧是地球上最丰富的元素，它差不多占整个地壳质量的一半、海洋质量的86%。我们也需要氧气才能生存。你可以一周不喝水，一个月不吃饭，但只要几分钟没有氧气，你就没命了。当我们探索太空时，氧气几乎就成了一种极其重要的资源，它是你绝对必须拥有的东西。如果你的飞船里的氧气耗尽了，那么其他的一切就都不重要了。

F

9

▶ 氟气是一种浅黄色气体，几乎能和所有的东西发生剧烈的化学反应，其中包括玻璃。右图中这个纯石英的安瓿里装有氟气，至少能装一段时间吧。

元素周期表

氟是所有元素中最活泼的元素之一。你向很多东西吹一股氟气过去时，它们几乎就会燃烧起来。但是，这种剧烈的反应也意味着别的元素只要和氟形成了化合物，这种化合物在化学上就会非常稳定。比如，特氟龙（用于制造不粘锅的涂层）的分子结构中就有大量的碳-氟键。这些化学键形成时会释放大量的能量，因此想要打破这些化学键，就需要大量的能量。所以，特氟龙几乎不会发生化学反应。

氟

Ne

10

氖

▶ 霓虹灯招牌离不开氖元素，比如左图中的这个氖气灯管。当电流通过它的时候，它就会发光。

元素周期表

在所有元素中，氖的反应活性是最低的。也就是说，它拒绝与其他元素形成化合物。你可能无法让氖去参与化学反应，但将电流通过氖气时，它能发出明亮的橙红色光芒。尽管LED灯正在接管世界，但霓虹灯在过去曾赋予了纽约时代广场和拉斯维加斯等许多地方华丽的夜景。

Na

▶ 这块银白色的金属钠其实相当柔软，你可以用刀把它切成小块，然后泡在油里保存。一旦暴露在空气中，它就会在几秒内变成白色的。如果你把它丢进水里，它就会和水发生反应产生氢气（氢元素的原子序数为1），然后和熔化的钠珠一起炸裂开来。

元素周期表

钠是最适合用于制造爆炸的碱金属。它的"味道"也不错，因为你让它和氯元素（原子序数为17）结合起来时，就可以得到食盐。

钠

Mg

12

◀ 这块印刷用的凸版是
用金属镁雕刻而成的。

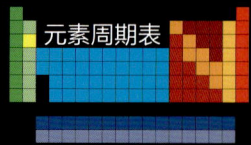

元素周期表

镁

镁是制造那些轻盈的自行车零件的好材料。但如果你把它磨成极细的粉末，它就会变得高度易燃。老式的照相机会用镁粉作为闪光灯的光源，而现代的许多烟花也会用镁粉产生雪亮的白光。

Al

▶ 这是一块高纯度的铝，它的表面已经有些被氧化了。你可以看到它的内部的晶体结构。

元素周期表

当铝和空气接触时，它并不会生锈。因此，相对于铁（原子序数为26），铝具有很大的优势，尽管它的价格要高一些。当然，尽管铝不会生锈，但它还是会和空气发生反应的，反应的产物是一层非常坚硬的、透明的膜，可以保护内部的铝免遭进一步的腐蚀。于是，生锈的问题就解决了。

铝

Si

14

◀ 这块单晶硅（一种人工合成的物质，是一种纯净的、近乎完美的晶体）在完成生长之前被从熔炉里拿了出来。我们看到的是它的底部，当时有一些熔融的硅正要滴落下来。

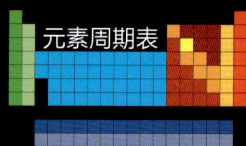

元素周期表

硅

芯片是手机、笔记本计算机、数码相机的核心器件。实际上，我们在生活中用到的许多东西都需要芯片，而芯片的制造是从白色沙子（主要成分是二氧化硅）开始的。地球上的大部分岩石、黏土含有硅酸盐矿物质。因此，倘若硅基人工智能在某一天接管了地球，那么它们并不缺少复制自己的原材料。

▶ 这块罕见的紫磷是红磷和黑磷的混合物，也就是说它并不是磷的同素异形体。（同素异形体指的是同一种元素构成的不同形态的物质。）

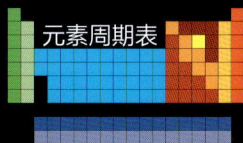

元素周期表

磷单质以各种形态态在，这些形态的物质就称为磷的同素异形体。火柴头通常用红磷制成。黑磷很难制造，也很少见，因为它并没有什么重要的用途。白磷则是一种致命的毒物，和空气接触时还会自燃。白磷主要用在军事方面，用于制造各种非常邪恶的武器。

磷

S

◄ 由纯硫黄构成的块状物会自然地出现在火山口和地热喷口周围。地球内部的热量会分解含硫的矿物质，释放出硫单质来。

元素周期表

硫

硫元素的化合物总是很难闻。其中，你可能最了解的一种化合物叫作硫化氢，它闻起来就像臭鸡蛋。不过，这种臭臭的元素也非常有用。在化工生产中，硫的用量极大，主要以硫酸的形式出现。在无数个用到酸的制造工序中，硫酸都是作为主力来使用的。

Cl

▶ 氯气是一种黄绿色气体。在它的背后垫一张白纸，你就能看出它的颜色了。

元素周期表

在第一次世界大战期间，氯气曾被大量使用，作为致命的毒气。不过，少量的氯气是最有效、最经济、危害最小的消毒剂之一。氯气用来给饮用水和废水消毒，从而挽救了许多人的生命，而且不会对环境造成长期影响。考虑到这一点，你就能明白氯气拯救的生命远比它曾夺去的生命要多。

氯

Ar

18

Ar

◀ 作为一种惰性气体，氩气是无色的。电流通过时，氩气会发出明亮的天蓝色光芒。

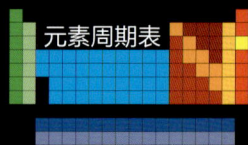

元素周期表

氩

氩气在地球大气层中的含量丰富得有点惊人，这就是为什么氩气相对比较便宜。它最常见的用途之一是制造老式白炽灯——里面充满了氮气（氮元素的原子序数为7）和氩气的混合物。同时，在保护化学反应方面，氩气也是首选的惰性气体，它可以让某些化学反应不会因为接触空气而变得一塌糊涂。人们会在充满了氩气的手套箱里工作——箱子的窗口下面有两只橡胶手套，可以让人把手伸进去操作而不用担心氩气泄漏。

▶ 这块柔软的金属钾的表面呈紫色，有一层非常薄的氧化物。当钾暴露在空气中时，它会在几秒内变黑，而它一旦接触水就会发生爆炸。

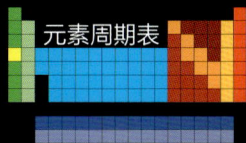

元素周期表

香蕉是一种健康的食物，也是重要的营养素——钾的来源之一，含有丰富的钾元素。没有钾元素，我们就无法生存。世界上每1万个钾原子中，平均就有一个是带有放射性的同位素钾40（^{40}K）。因此，香蕉是健康的食物，同时也有放射性。

钾

Ca

20

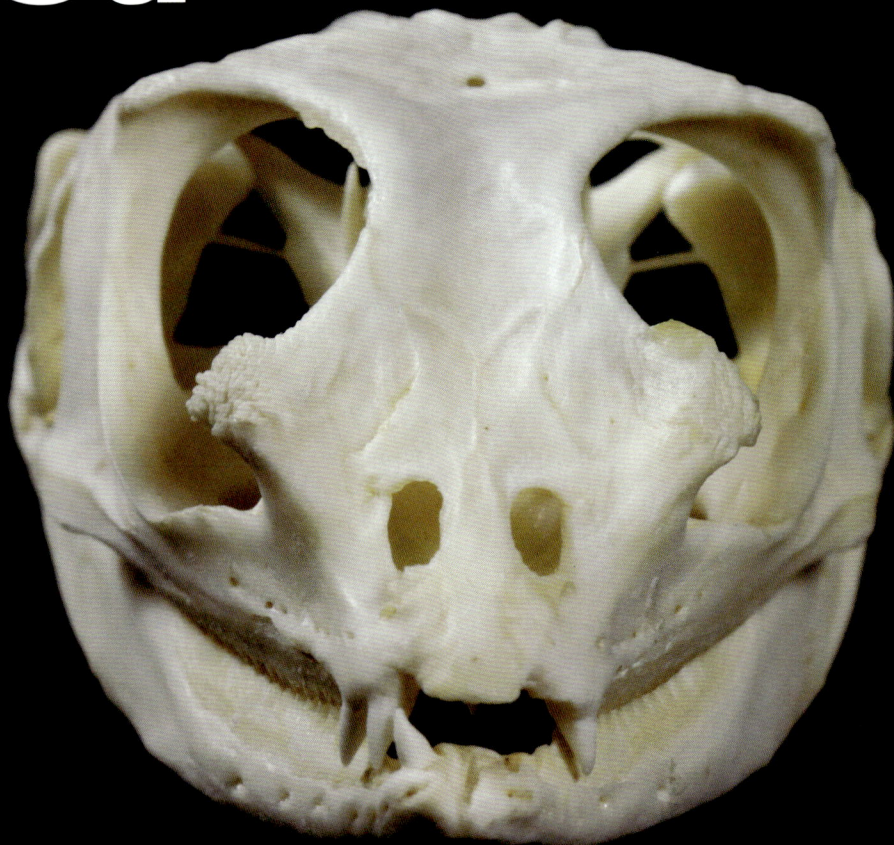

◄ 这个褶伞蜥的头骨是由水合磷酸钙构成的，而你的骨骼同样也是由这种物质构成的。

元素周期表

钙

当提到钙元素时，你也许会想到白色粉笔或牛奶。白垩和牛奶都含有钙的化合物（意思就是钙和另外一种元素结合而成的产物）。纯的钙元素是一种闪闪发光的金属，看起来有点像金属铝（原子序数为13）。你实际上很少有机会看到纯的钙元素，因为这种金属几乎没有什么实际用处；而当它暴露在空气中的时候，很快就会覆盖上一层浅灰色的氧化物。

Sc

21

元素周期表

钪也用于制造坚固的合金。只要在铝（原子序数为13）中添加一点点钪，就能制造出已知最坚硬的铝合金。这种铝合金用于制造战斗机、棒球棒和自行车架等。

钪

Ti

22

◄ 左图中的这个叶轮是用钛制作的，来自一台小型喷气式飞机的发动机。

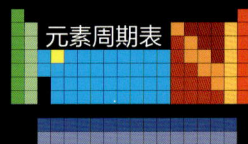

元素周期表

钛

钛的英文名字"titanium"源自"提坦"，也就是希腊神话中强大的巨人。钛用来制造喷气式飞机的发动机和电动工具等。因为它完全不会生锈，也不会导致人体过敏，所以能用来制造各种与人体密切接触的物品，比如人工髋关节、牙科植入物和耳钉等。

V

23

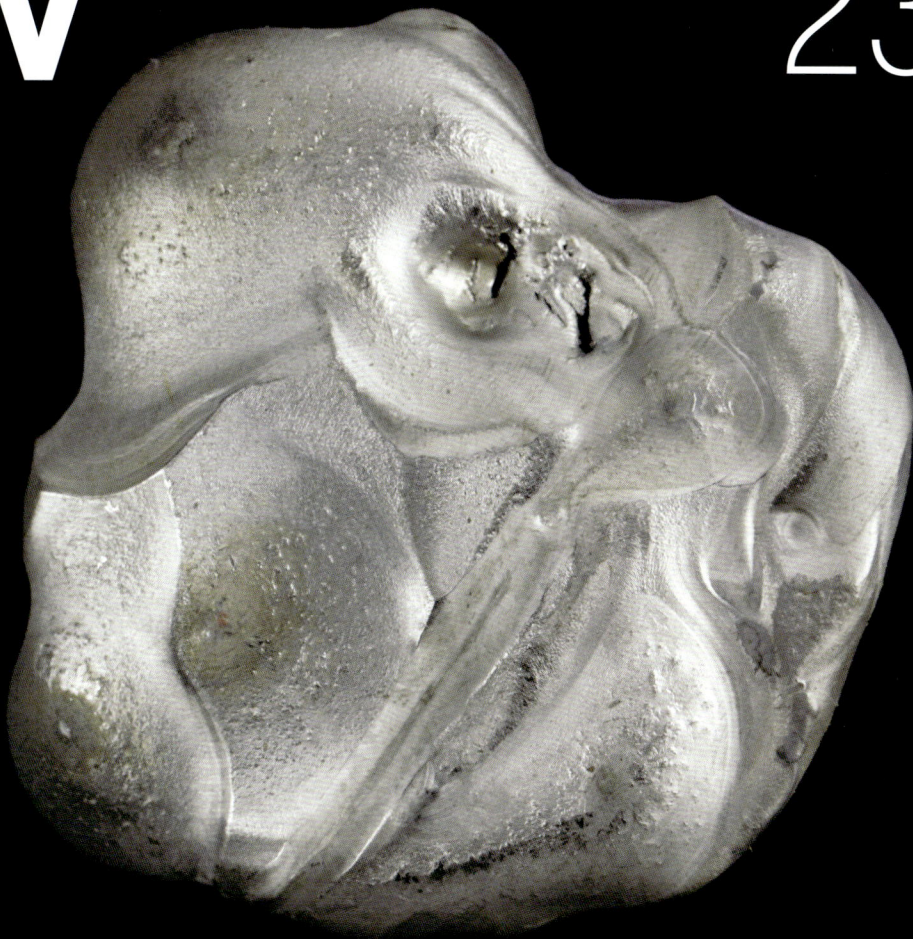

元素周期表

钒是最坚硬、最耐磨的金属之一。它比钛（原子序数为22）更重、更硬。钒主要用于制造各种合金钢（如钒铬钢），这些合金钢则用于制造各种工具。看看你的那把开口扳手，它的上面很可能就打了"Cr-V"这样的戳记。这些工具至少含有90%的铁（原子序数为26），但加进去的其他元素则给不同种类的合金钢赋予了独特的性能，让它们具有特定的用途。

钒

Cr

24

◀ 没有什么东西是不能拿来镀铬的，就像左图中的这只小泰迪熊。

元素周期表

铬

你所看到的纯铬往往只是薄薄的镀层。铬有一个重要的用途，就是与铁（原子序数为26）和镍（原子序数为28）混合制造不锈钢。不锈钢很有光泽，耐腐蚀性也很好，在许多方面有出色的用途。

Mn

25

▶ 我用这块精美的菱锰矿（碳酸锰）晶体和一个矿石商人交换了几百个较小的矿物样品。

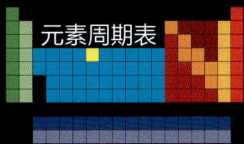

元素周期表

类似于红色氧化铁，黑色氧化锰也是人类最早发现的颜料之一。在一个洞穴中的壁画（至少有1.7万年的历史）上，人们就发现了这种颜料。纯的锰金属在空气中会迅速失去光泽，在今天并没有实际用处。然而，当它和铁（原子序数为26）混合时能让所形成的锰钢具有特别优良的"加工硬化"性能。用锰钢制作的保险柜和银行金库大门很难被钻开，因为你越钻它，它反而会变得越坚硬。

锰

Fe

26

◀ 这块马蹄铁来自中世纪，上面有一些凹陷（你可以在它的表面看到红色的小凹坑），这是几个世纪以来它缓慢生锈的结果。

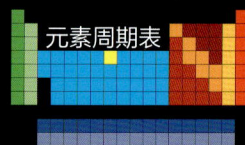

元素周期表

铁

在英文中，铁是以它自己本来的名字来命名的元素，这在元素里是唯一的。在过去和现在，铁都是制造工具的主要材料，所以这是它当之无愧的荣誉。今天，铁的价格非常低，还能制成种类繁多的合金。它也能够进行焊接、铸造、锻造、切削加工、淬火、回火、退火、拉拔等。这些方法能够让铁呈现出各种你希望得到的形状和性能。铁的唯一缺点就是它很容易生锈，而这正是最令人讨厌的、具有破坏性的化学反应之一。

Co

27

▶ 几个世纪以来，铝酸钴一直都是重要的绘画颜料。

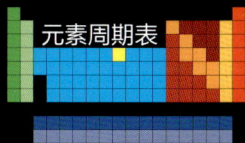

元素周期表

纯净的钴是一种其貌不扬的灰色金属，看起来有点像镍（原子序数为28）。铝酸钴是一种令人惊叹的蓝色颜料，几个世纪以来工匠和艺术家用它来制造陶瓷和珠宝，创作油画。

钴

Ni

28

◄ 在电镀架上，绝缘层破裂的地方会长出左图中这样的镍铬结节。对于电镀行业而言，这是一个美丽的麻烦。

元素周期表

镍

镍广泛用于铸造硬币。这就是为什么面值为5美分的硬币会被叫作"一个镍"。不过，美 国的5美分硬币中实际上只含有25%左右的镍，剩下的部分是铜（原子序数为29）。

Cu

▶ 这是一根用铜线编织的手链。

元素周期表

铜很柔软，用手动工具就足以让其成型。它也足够坚硬，可以制成一些非常有用的东西，如锅碗瓢盆、珠宝首饰、管道和其他五金器件。

铜还有一个很有意思的用途，就是让它和锡（原子序数为50）或铅（原子序数为82）等形成合金，从而得到青铜。

铜

Zn

锌

◀ 这个塑像是我在小时候用锌铸造出来的。

元素周期表

锌是一种廉价且易于铸造的金属，特别适合制造那些不需要特别坚固的东西。美国的1美分硬币现在主要是用锌来制造的。它们曾经是用铜（原子序数为29）来制造的，直到制造一枚硬币所需的铜的价格超过了它的面值。

Ga

▶ 这是一个使用中的氮化镓基蓝光激光二极管。

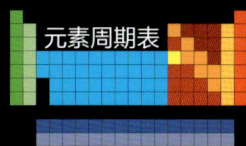

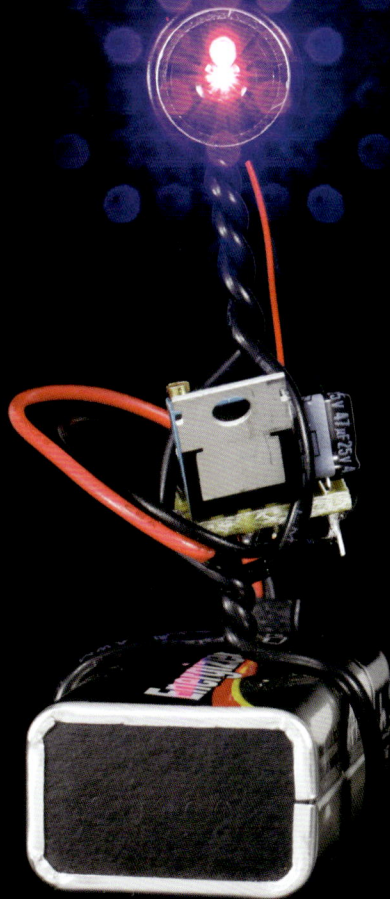

元素周期表

镓的熔点很低，就像汞（原子序数为80）和铯（原子序数为55）一样。哪怕是在冰天雪地的阿拉斯加，把一小块镓放在手心里，你用体温就能把它熔化。但是，这种经历你也许不会想再来一次，因为它会把你手上的皮肤染成深棕色。所以，把玩金属镓的时候，最好把它放在一个小塑料袋里。

镓

Ge

32

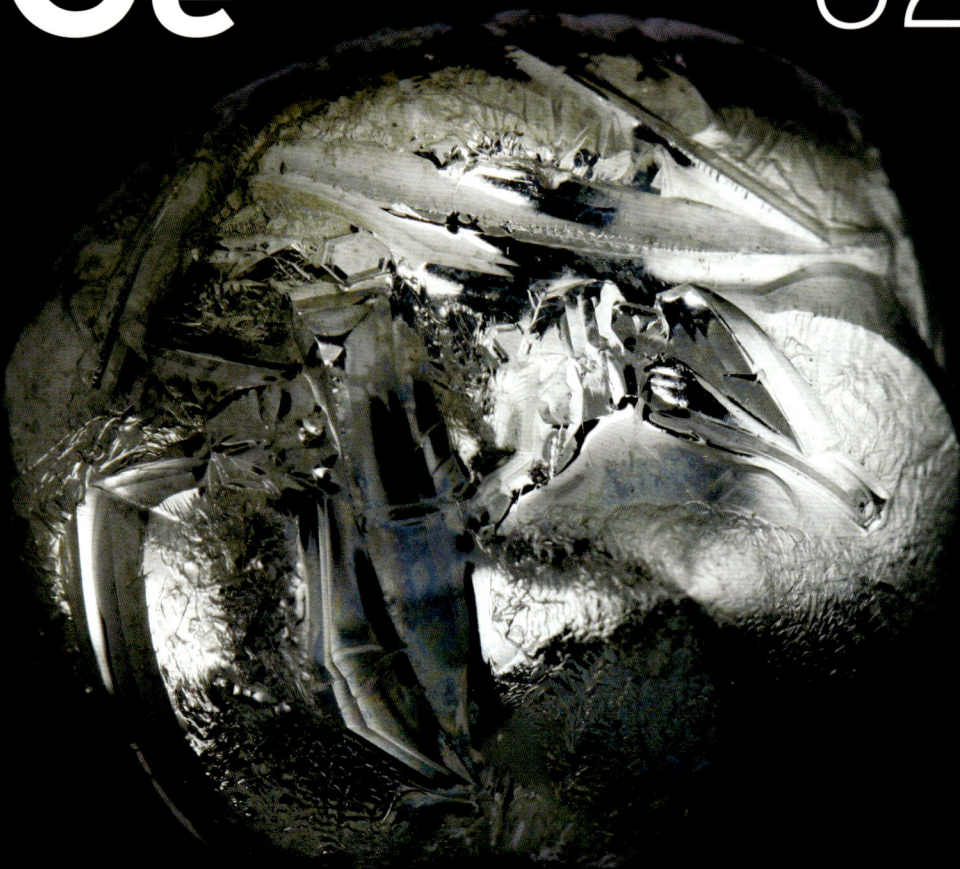

元素周期表

锗

1869年，德米特里·门捷列夫（1834—1907，俄国化学家）发明了元素周期表，并预测了锗元素的存在。十几年后，锗真的被发现了。它是由克莱门斯·温克勒（1838—1904，德国化学家）发现的。今天，大多数计算机芯片都是用硅（原子序数为14）制造的，但那些运算速度非常快的芯片则是用锗制造的。

▶ 巴黎绿是一种用砷制成的颜料，曾用于制造墙纸，也用来制造老鼠药。

元素周期表

砷的一种化合物称为巴黎绿，被用作杀虫剂和老鼠药。19世纪的英国人也用它来制造各种花哨的墙纸。不幸的是，在潮湿的冬天，这些墙纸会发霉，而霉菌会将这种颜料变成有毒的气体。当时的人们开始认为冬天多出门活动，或者搬到气候干燥的地方生活，是有益于健康的。真的，这并不奇怪！既然你都快要被有毒的墙纸毒死了，走出这间屋子就是一个好主意，无论你到哪里去。

砷

Se

34

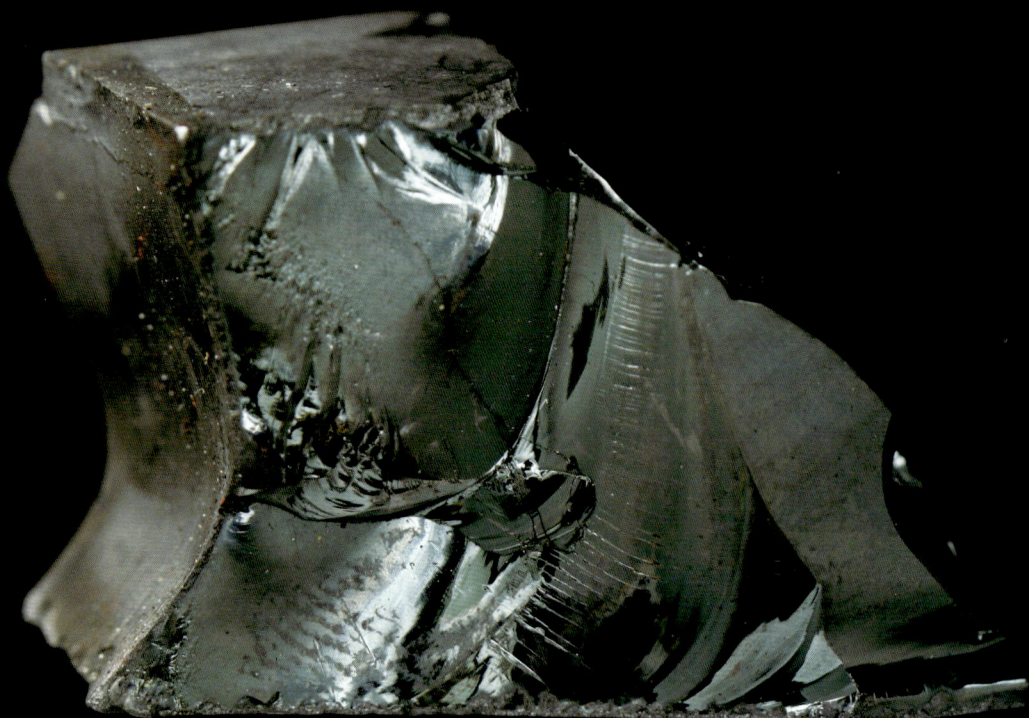

元素周期表

硒

硒能够对光线产生反应，从阻止电流通过变为允许电流通过。激光打印机里有一个圆筒叫作硒鼓，其表面涂有硒元素。打印时，硒鼓先带上静电，在打印过程中受光照射的区域会导电，从而将静电中和掉。而带有相反电荷的墨粉会被吸附到硒鼓上仍然带有电荷的区域，然后这些墨粉被转移到打印纸上并通过加热加压固定下来。

Br

35

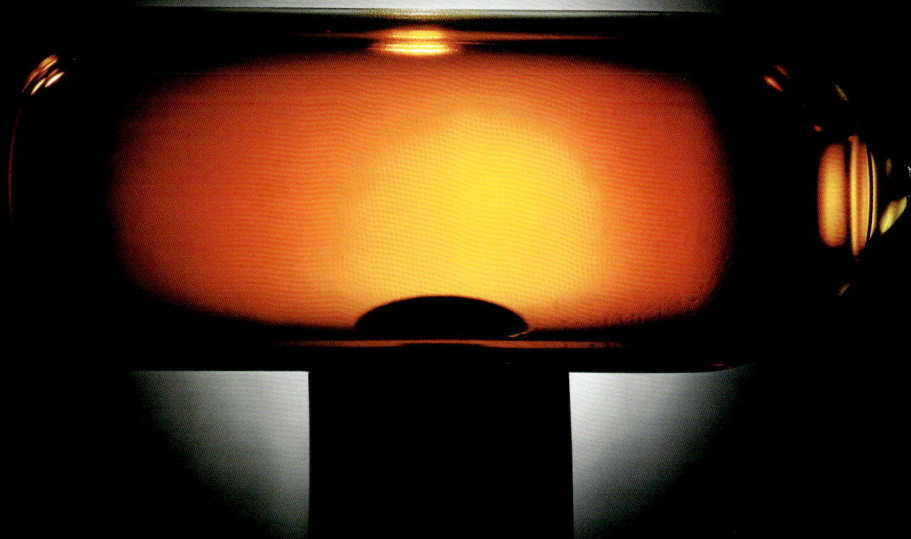

▶ 室温下的溴呈液态，但它很快就会蒸发，变成紫红色的气体。

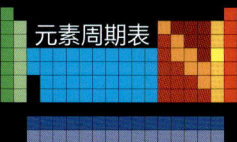

元素周期表

在室温下，有两种稳定的元素是以液态形式存在的，它们是汞（原子序数为80）和溴。溴的沸点非常低，即便在室温下，一摊液态的溴也会在不到1分钟的时间里变成一团紫红色

的蒸气。和元素周期表中位于它上面的氯（原子序数为17）类似，溴蒸气非常呛人，非常难闻。实际上，如果你不赶紧躲开它，它就会侵蚀你的肺部，甚至夺走你的性命。

溴

Kr

36

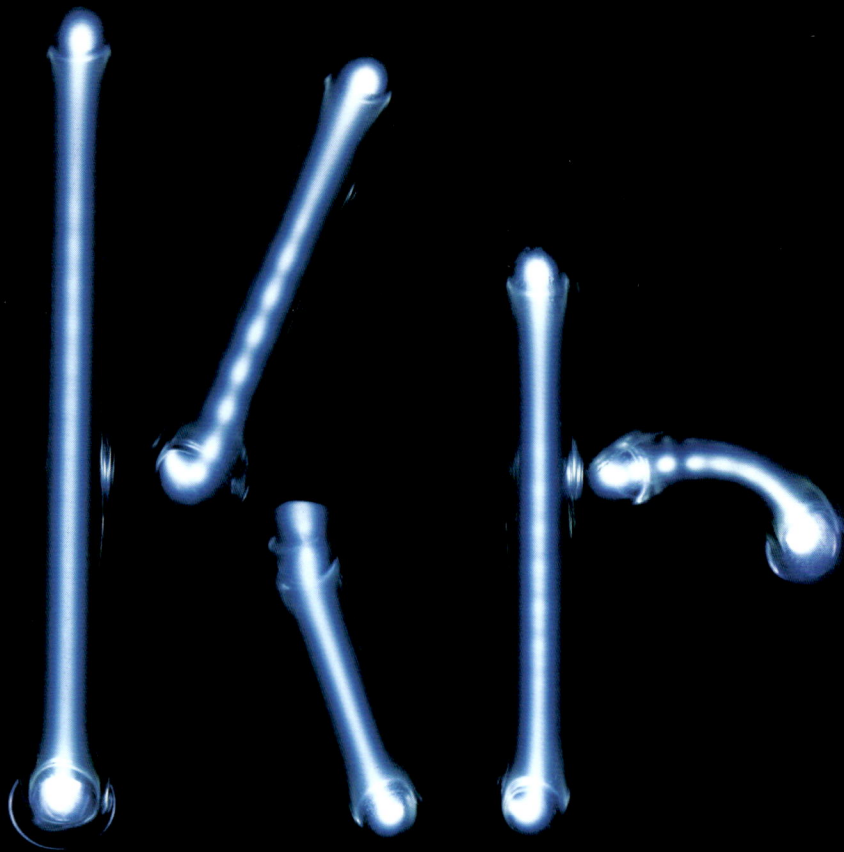

◄ 和其他惰性气体一样，当电流通过氪气时，它就会发光。氪气产生的光芒超出了标准油墨的颜色范围，因此图中的这张照片和你亲眼看到的样子存在一定的差异，但二者还是比较接近的。

元素周期表

氪

和其他惰性气体元素几乎一样，氪拒绝和其他任何元素形成化学键。当你希望把某个东西保护起来与外界隔绝时，氪的这种特性就很有用了。高效的白炽灯里充满了氪气，以减少由钨（原子序数为74）制成的灯丝的升华，从而让灯泡在更高的温度下使用更长的时间。（如今，没人再关心这个问题了，因为LED灯是一个更好的选择。）

Rb

▶ 这是一个完整的铷原子钟，宽度不到3厘米，其中包括铷蒸气池、加热线圈、发射器和接收器的天线等部件。

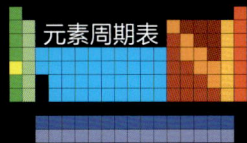

元素周期表

铷和红宝石没有关系，但二者的英文名字都源自拉丁语中的"rubrum"（意为"红色"）这个单词。虽然铷本身并不是红色的，但它最初被发现时，发射光谱里有一条无法解释的红色谱线，这引起了化学家的注意。（发射光谱就是元素被加热到很高的温度时所释放出来的一系列谱线。每种元素都有自己独特的发射光谱。）铷的用途很少，但正是那条红色谱线成为了一些烟花里紫色光芒的来源。

铷

Sr

38

元素周期表

锶

锶元素的同位素锶90（^{90}Sr）是该家族里的害群之马，它与核爆炸的沉降物有关，从而不公平地损害了锶元素的声誉。事实上，醋酸锶作为一种活性成分被用在很多牙膏中。

► 这是一块用钇铝石榴石（YAG）制作的梨形激光晶体。

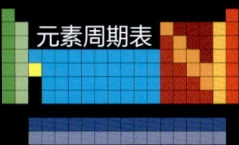

元素周期表

当你用液氮来冷冻钇钡铜氧（YBCO）这种化合物时，它就会变成一种惊人的、魔法般的超导体。此刻，如果你想把一块磁铁放在这种被冷冻的YBCO圆盘上，就会发现无法做到。磁铁会停留在圆盘上方0.6厘米的空中，稳稳当当地悬浮在那里，整日不动。很奇怪吧！

钇

Zr

◄ 立方氧化锆是氧化锆的一种晶体，用来制造假钻石，在工业上也是一种重要的磨料。在焊工使用的砂轮上，就能找到这种东西。

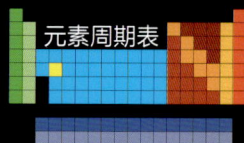
元素周期表

锆

锆是一种坚硬、强韧的金属。它的化合物氧化锆被用在石油钻井平台、大型挖掘机械和山地摩托车等上。当然，它也有柔和的一面。氧化锆的一种晶体称为立方氧化锆，这是迄今为止最常见的一种假钻石，常用在订婚戒指和其他珠宝上。

Nb

▶ 这是一根高纯度的铌
金属棒。

元素周期表

铌元素的名字来自希腊神话中宙斯的孙女尼俄柏（Niobe）。一些火箭的喷嘴就是用铌合金制造的，因为它在极高的温度下也能抵抗腐蚀作用。一些珠宝、硬币也会用铌来制造，因为它们可以进行精细的阳极处理，在表面形成彩虹般的颜色。

铌

Mo

42

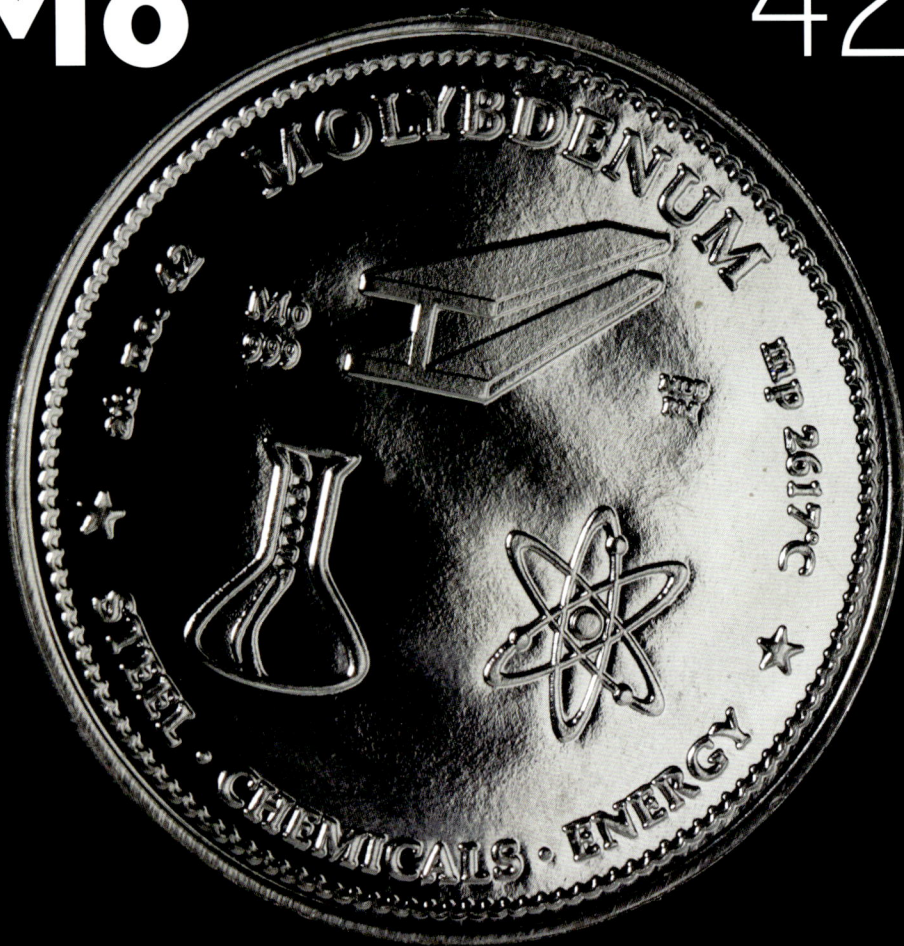

◀ 钼通常不会用于制造硬币。左图中的这枚硬币是我为了彰显钼的广泛用途而特制的。

元素周期表

钼

钼是一种彻头彻尾的工业金属，通常用来提升合金的强度和耐热性能，尤其是M系列的高速工具钢就含有钼（没错，合金编号中的"M"指的就是钼）。

Tc

43

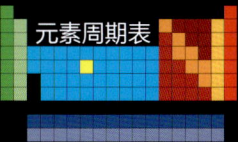

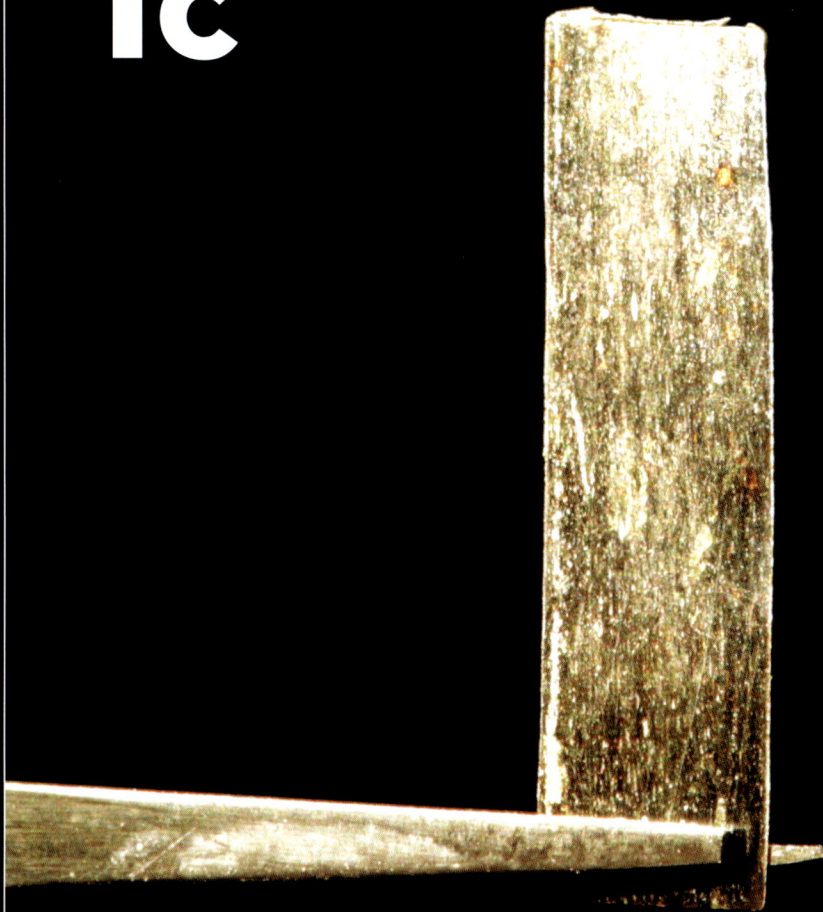

元素周期表

锝是一种放射性元素。令人惊讶的是，它位于元素周期表中最稳定的区域。锝是第一种人造元素，在自然界中几乎不存在，我们只能通过一些特殊技术来获取它（在某些矿石中能够发现很少的锝）。

锝

Ru

44

◀ 这是一块氯化钌矿石，具有非常鲜艳的红色。

元素周期表

钌

钌是一种贵金属，这一点和铂（原子序数为78）类似。在日常生活中，你最有可能找到钌的地方就是各种珠宝。它可以形成薄薄的镀层，带有像锡一般的灰色光泽。

Rh

45

► 这块金属铑的边缘被撕开了，显露出了它内部的晶粒结构。

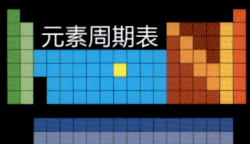
元素周期表

铑以璀璨的光芒而闻名。在珠宝设计中，有些看起来像银（原子序数为47）或铂（原子序数为78）的首饰经常会镀上一层金属铑，因为1微米厚的铑镀膜比世界上任何铂金都更光彩夺目。

铑

Pd

46

元素周期表

钯

钯对于氢气有着惊人的吸收能力。一块固态钯可以吸收其自身体积900倍的氢气。这些气体就这样消失在了金属里，实际上潜入了钯原子的晶格空隙之中。如果不考虑钯是一种价格极高的贵金属，拿它来制造氢燃料汽车的储气装置就再好不过了。

Ag

▶ 这是一枚面值为4德拉克马的硬币（古希腊的银币），上面有亚历山大的名号（注明了是大帝）。这些硬币铸造于公元前261年，非常非常古老，但存世量很大——没人舍得将一枚银币扔掉。

元素周期表

自古以来，白银和黄金（原子序数为79）就与荣耀、财富联系在一起。在二者之中，白银绝对只能算是小弟。从历史上看，它的售价大约仅为黄金的5%；而到了上个世纪，这个比例曾达到了1%。黄金实在太昂贵了，不好拿来制造普通的硬币，但在很长的历史时期里，白银都很适合制造硬币。用白银制造硬币的时间有3000多年。

银

Cd

◄ 这条鱼是我用金属镉铸造的。不为什么，就是好玩。

元素周期表

镉

镉很可能因为镍镉电池而被人们熟知。但是，这种电池已经被更轻便、更高效、毒性小得多的锂离子电池所取代。镉和铅（原子序数为82）、汞（原子序数为80）类似，能在环境和人体中聚集，并造成长期的危害。好的一面是，硫化镉能被制成一种叫作镉黄的经典颜料，它呈鲜亮的黄色，为克劳德·莫奈（1840—1926，法国画家）等印象派画家所喜爱。

In

49

▶ 纯的金属铟几乎都以每块1千克的规格出售。图中这块金属铟大致是标准规格的一半。铟是如此柔软，像右图中这样的金属块用刀就可以切成两半（但要用点力气）。

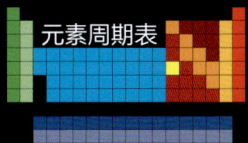

元素周期表

铟的名字和印度、印第安纳州以及其他任何地名都没有关系。它是因为一条醒目的靛蓝色谱线而得名的，而这条谱线就是铟存在的第一个证据。据说直到1924年，全世界也只提炼出1克纯铟。今天，每年有几百吨铟用于生产计算机、电视机等的液晶屏。

铟

Sn

50

元素周期表

锡

锡是一种可爱的元素。它能够永远保持光泽，很容易熔化和铸成各种精美的物件，而且价格也不高，毒性微乎其微。奇怪的是。很多称为锡的东西（比如锡罐、锡箔纸、锡房顶）从来都不是用真正的锡制成的。此刻，"锡"这个字已经被引申为泛指任何一种薄金属片。

Sb

51

▶ 散装的锑往往以右图中这样漂亮的晶块的形式来出售。

元素周期表

锑是一种典型的类金属，它从外观上看就是金属，但比普通金属脆得多。在铅（原子序数为82）中加入锑，会让铅变得更硬。用铅、锡（原子序数为50）和锑按照适当的比例制成的合金在凝固时不会收缩，反而会膨胀一点点，这就让它非常适用于模具铸造。大多数金属从液态凝结成固态时都会明显收缩，这就让人们不得不采取额外的措施，才能获得形状精确、细节完整的铸件，否则得到的就是布满空洞的铸件了。

锑

Te

52

◀ 当熔融的碲逐渐凝固、变硬时，其表面会形成美丽的晶体。

元素周期表

碲

碲有一个奇怪的特性：你接触碲之后，身上就会有类似于大蒜的气味，而且会持续几个星期，哪怕是浓度很低的碲也是如此。碲是所有元素中最稀有的那几种元素之一。尽管如此，氧化亚碲还是用来涂覆蓝光光盘和可擦写DVD，也用于制作太阳能电池板和存储芯片。

► 碘在受热时会蒸发，形成充满奇幻色彩的紫色蒸气。图中的这个盘子下面有一个小火炬在加热碘。

元素周期表

碘是卤素中最温和的元素，曾广泛用作消毒剂。在室温下，碘是固体，但这种说法也有点勉强。稍稍加热，碘就会熔化，随后立即蒸发，形成浓密、美丽而又危险的紫色蒸气。

碘

Xe

54

氙

◀ 灯管中的氙气被电流激发后发出可爱的淡紫色光芒。

元素周期表

氙气的导热系数很小，也就是说它的传热速度很慢。这个特性对于Imax Maximum电影放映机是非常有用的，因为这些放映机使用非常明亮的15千瓦氙气短弧灯来形成巨大的投影图像。这些灯泡中充满了高压氙气，压强非常大，以至于有爆炸的风险。因此，它们必须放在特制的防护罩中，操作人员也必须穿防护服。

Cs

55

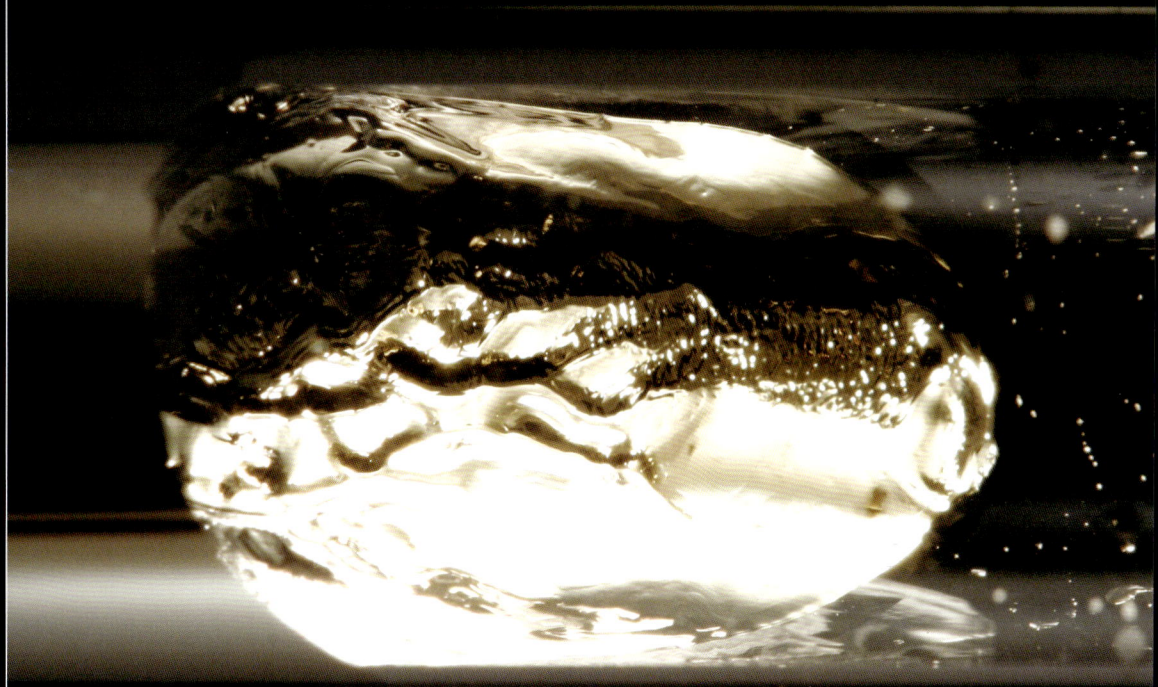

▶ 如果你把这个安瓿拿在手里，哪怕只有一分钟，其中的铯也会熔化，变成非常漂亮的金色液体。当然，如果这个安瓿在你的手中破裂了，它迸发出火焰就不是闹着玩的了。

元素周期表

　　铯是所有碱金属元素中反应活性最强的一种。如果你把一块金属铯丢进一碗水里，它会立即发生爆炸，让水滴向四面八方飞溅开来。尽管从理论上说，铯是最活泼的碱金属，但使用金属钠（原子序数为11）可以制造规模更大的爆炸。因此，往湖里扔碱金属时，首选的就是金属钠。铯的高光时刻在于它可以用来制作世界上最精确的时钟——铯原子喷泉钟。

铯

Ba

56

钡

◄ 这种矿石叫作重晶石，主要成分是硫酸钡。它来自秘鲁万卡韦利卡的一座矿山。

元素周期表

　　钡的英文名字"barium"源自希腊语，原本是"重"的意思。实际上，纯的金属钡并不是特别重，它的密度比钛（原子序数为22）要小，而钛是一种以轻盈闻名的金属。钡的许多化合物很致密，从而有了特别的用途。比如，X射线不能穿透硫酸钡，因而我们可以让患者喝下糊状的硫酸钡，从而在X射线影像中观察其消化系统中各个部分的轮廓。

La

57

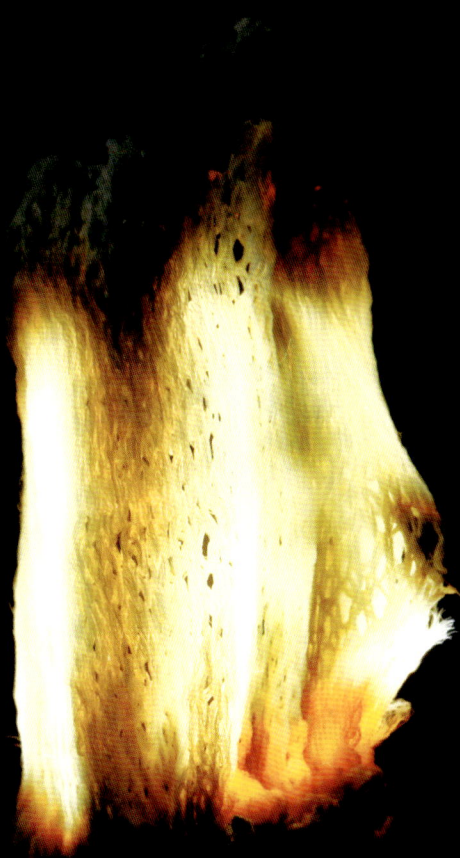

▶ 这是用纯的金属镧制作的一块金属网（这种形状更便于加工）。

元素周期表

镧是镧系元素中的第一种元素。通常，在元素周期表中会有两行元素单独排列，而镧系元素位于其中的第一行。镧是储量最丰富的稀土元素之一（也就是说，它其实并不稀有）。因为它能够在很低的温度下点燃，所以人们常用它和铁（原子序数为26）等制造合金，用于生产打火机用的火石。当你的拇指用力拨动砂轮，砂轮划过火石时就会产生火花。

镧

Ce

58

◀ 这根铈镧铁合金棒的直径为1.27厘米。它本质上就是一根打火棒，用于点火。当你用钢刀刮擦它的时候，就会产生一片火花。

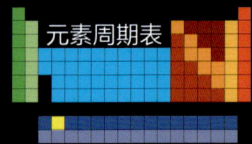

元素周期表

铈

铈容易自燃。这就意味着当你刮擦、锉削或研磨它时，它就会着火。这并不是说整块铈都烧起来，而是火花四溅，让整块铈都非常耀眼。因此，铈用来制造打火机用的火石也就毫不奇怪了。

Pr

▶ 这是一块纯的金属镨，只是略微有点氧化了。

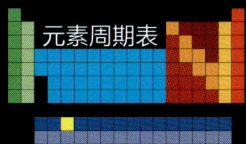

元素周期表

镨有一个独特的用途，就是用来制造玻璃工人所佩戴的"镨眼镜"。这种眼镜可以保护他们的眼睛，让他们免受钠钙玻璃在高温下所发出的耀眼光线的伤害。这种光线是由钠（原子序数为11）发射出的谱线。镨能够阻挡黄光，从而让玻璃工人可以直视正在加热玻璃的火炬，此刻他们看到的只有火炬上暗淡的蓝色火焰。而一旦摘下眼镜，强烈、刺眼的黄光就会迫使他们立即将视线移开。

镨

Nd

▶ 这是一条由钕铁硼磁体组成的非常坚固的链子，可以直接作为手镯佩戴，无须再用任何细绳去穿珠子。

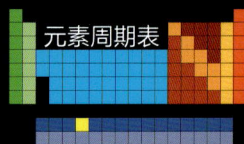

元素周期表

钕

钕铁硼磁体实际上是由钕铁硼合金制成的，它是目前人们发现的最坚固的永磁体。它的磁性太强了，所以你待在它的周围就很危险，特别是你恰好有两块钕铁硼磁体的时候（它们可以从30厘米之外一跃而起，猛然撞向对方）。而如果此刻你的手指头被夹在两块钕铁硼磁体中间，那你只能自求多福了。

Pm

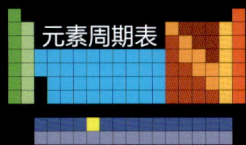

▶ 右图中这个闪闪发光的钷按钮是用制作潜水表的剩余材料做的。

元素周期表

钷是元素周期表中铋（原子序数为83）前面的两种不稳定元素之一，另一种则是锝（原子序数为43）。钷曾经一度与硫化锌混合，作为一种磷光材料，用来制作会发光的手表表盘和指南针。这些产品很少能流传到今天，就算流传到今天，它们也早就不再发光了。从那时起，人们几乎就没有再找到钷有什么新的用途。

钷

Sm

◀ 这是我用纯钐设计铸造的一枚硬币。我把几乎所有实用的元素都分别制作成了硬币样式，这是其中之一。

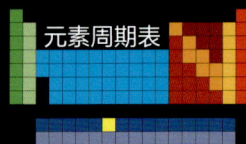

元素周期表

钐

钐是由法国化学家保罗·布瓦博德朗于1879年发现并命名的，它的英文名字"samarium"来自"samarskite"（铌钇矿），而这种矿石则是以它的发现者——俄国人瓦西里·萨马尔斯基-别克霍夫茨（Vasili Samarsky-Bykhovets，1803—1870，地质工程师）的名字来命名的。也就是说，钐的命名间接源于瓦西里·萨马尔斯基-别克霍夫茨，但这不是为了向他致敬。在本书中，我们将看到很多元素的命名是为了纪念做出过重大贡献的科学家，其中只有𬭳（原子序数为106）和𬭳（原子序数为118）是仅有的两种以当时还在世的科学家的名字来命名的元素。

Eu

63

▶ 随着时间的推移，纯的金属铕会被慢慢地氧化，哪怕你把它泡在油里也是如此。

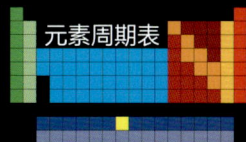

元素周期表

铕是用"Europe"（欧洲）这个单词来命名的。对于一种稀土元素来说，它的应用范围有些不太寻常：并不是以它的磁性为中心，而是以亮度为中心。比如，铕可以用来制造磷光材料，其中一些先进的磷光材料在被强光短暂照射之后，可以持续几分钟发出明亮的光线或者可以持续几小时发出暗淡的光线。

铕

Gd

GADOLINIUM

1313 °C

64

Gd

157.25

7.90 g/cc

◀ 这是我用纯钆设计铸造的一枚硬币。之所以要铸造它，只是因为我想这么做而已。

元素周期表

钆

钆的主要用途之一是用作磁共振成像（MRI）时的造影剂。磁共振成像技术能通过一个很强的磁场和一个射频探头来"画出"特定的原子在人体内分布的图像。如果你给一个患者注射了这种造影剂，就很容易追踪到钆原子的去向，因为钆具有非同寻常的磁性。如果你在人体中找到了某个本不该在此出现的血管簇，就说明这儿可能有肿瘤。

▶ 这块红色的泪滴状玻璃富含铽元素，这让它看起来很酷炫。

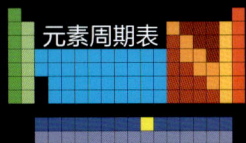
元素周期表

金属铽在磁场之中会改变自己的形状。有一种叫作磁致伸缩铽镝铁合金（Terfenol）的材料，用它做成的小棒能够根据磁场强度的变化而立即变长或变短。如果有什么东西挡住了这种小棒的延伸，它就会用极大的力将障碍物推开。因此，这种小合金棒与放大器一起能将几乎任何固态物体（比如窗户、桌面）变成扬声器。这种小棒受到磁场作用时足以让整个物体轻微地振动起来。

铽

Dy

66

◀ 这是一块纯镝晶体，它的外形很像树枝。

元素周期表

镝

镝的名字来源于希腊语中的"dysprositos"一词，原意是"难以找到"。我并不是说你无法给镝找到一种实际用途，但它真的没有辜负这个名字。碘化镝和溴化镝可以用在高强度的放电灯中，以增加灯光在红光范围内的谱线。我花了好长时间才发现镝的这种用途。几年之后，这些灯就要被淘汰了，我就得重新给镝找一个应用实例。

Ho

67

► 这是一块纯的钬金属多晶体，其表面凹凸不平。

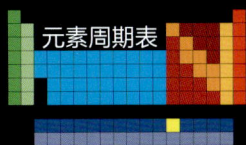

元素周期表

在所有稀土元素中，钬有一项殊荣：它的磁性是最强的。当钬被放在磁场之中时，钬原子会按照磁力线紧密地排列起来，从而让磁力线更紧密地靠拢在一起。这会让磁场变得更强。换句话说，一块金属钬就可以把一个较强的磁场变成一个疯狂的强磁场。

钬

Er

68

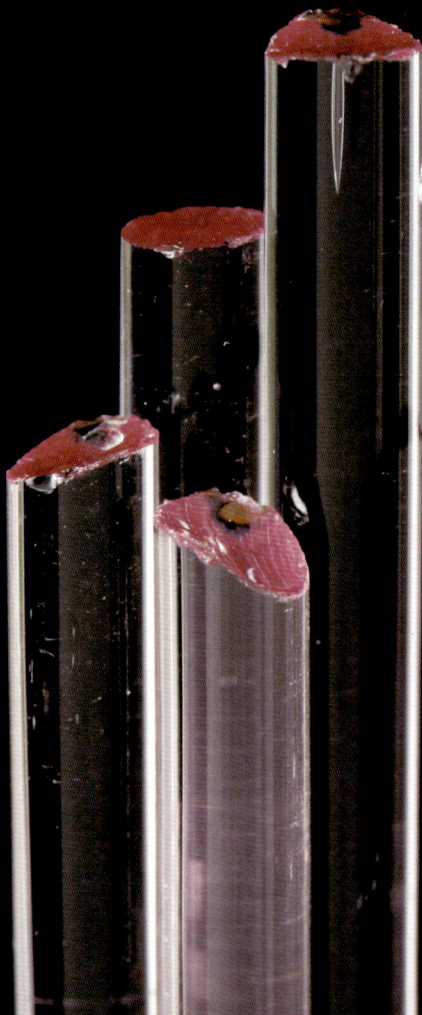

元素周期表

铒

钡可以将光脉冲信号放大，而不必先把它们转化为电信号。这种特性使铒非常适合用作高速、长距离光纤通信网络中的光放大器：把某个从光纤中出来的激光脉冲信号"泵"到一段富含（也可以说"掺有"）铒元素的光纤之中，而这个载有信息的激光脉冲信号从这段光纤的另一端出来时就会比它进去时强得多。

Tm

69

▶ 这是一大块熔化过的金属铥。

元素周期表

虽然大多数人没听说过铥这种元素，但照明设计师很喜欢它。高强度的弧光灯的发光器件通常是用多种元素混合制成的，以此来形成它们发出的光谱。其中，加入铥的主要目的是提供较宽的绿色谱线，而这个区域是其他元素难以覆盖的。如果你不使用铥，照明设计师可能会跟你急眼，就像我曾经犯过的错误一样。

铥

◀ 左图中的这块磷钇矿中也含有少量的镱元素。

元素周期表

镱

与钇（原子序数为39）、铽（原子序数为65）和铒（原子序数为68）一样，镱这个名字源于瑞典的一个小镇伊特比（Ytterby）。这4种元素都是在该小镇最先发现的。镱主要用于激光领域。

Lu

71

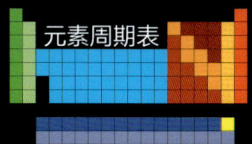

▶ 这是一块切下来的纯的金属镥。

元素周期表

关于镥，并没有太多有趣的东西可说。但值得一提的是，镥是最后一种被发现的、天然的稀土元素。它也是所有镧系元素中最坚硬的一种。镥的实际用途很少，所以如果说它的最大用途就是供像我这样的元素收藏者收藏，我也不会觉得惊讶。

镥

Hf

◀ 这是一块高纯度的铪晶体。

元素周期表

铪

铪的熔点非常高。此外，即使在非常高的温度下，它也有极强的耐腐蚀性。这使得它很适合制造性能极佳的碳化铪钻头（可以用来切割钢材）。

▶ 这是一个古董灯泡，其灯丝是用钽制作的。

元素周期表

钽的应用范围相当广泛，只是在发现和命名时曾被弄混过。事实上，它能在各种电子设备中发挥抑制高频噪声的关键作用。从手机、计算机到医疗设备和会说话的洋娃娃都少不了它。历史上，钽丝灯泡也曾被大量使用过，比如在"泰坦尼克号"上。这种灯泡比老式的碳丝灯泡要可靠得多，可以整夜开着而不损坏。

钽

W

74

◀ 这是白炽灯里的一根钨丝，如今几乎算得上文物了。

元素周期表

钨

从钨到黄金这些金属的质地都非常致密，但迄今为止，钨仍然是其中最便宜的。当你想要在一个狭小的空间里塞入很重的东西时，钨的这种特性就很有用了。比如，你可以用钨制作飞镖，或者用钨块把你的车身上的小凹坑敲打平整。在20世纪60年代之前，几乎所有的灯泡里都填充了钨丝，但这些灯泡所用电能的90%都被浪费了（变成热量）。值得庆幸的是，如今几乎所有的灯泡都已经被荧光灯和LED灯代替了。

74

Re

75

▶ 这是454克纯铼。它很值钱，具体价格取决于当前的行情。

元素周期表

铼是人类发现的最后一种稳定的元素。大多数铼用于制造铁镍基高温合金，这种合金用于制造战斗机发动机的涡轮叶片。尽管要制造的战斗机数量并不多，但它们依然消耗了全世界铼年产量的3/4。

铼

◄ 四氧化锇晶体是有毒的，必须保存在密封的安瓿中。

元素周期表

锇

和其他金属不同，锇的颜色不是灰色或银色。这和铜（原子序数为29）、金（原子序数为79）有些类似。尽管它看起来像银白色金属，但的确不是。它的表面有一层微弱的蓝色，弱到你需要说服自己真的看到了这种颜色，但事实就是如此。此外，锇是最坚硬的金属元素之一。这并不是说它是世界上最坚硬的材料，甚至不是最坚硬的单质，只是说它是"纯金属里最坚硬的一种"。它也是所有元素中密度最大的一种。

Ir

77

▶ 铱极难被熔化。我勉强把右图中的这块铱熔化了一半,因而它的外形看起来很奇怪。

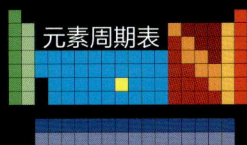

元素周期表

尽管锇(原子序数为76)是密度最大的元素,但它的密度只比第二名铱大了大约千分之一。铱的价格真的很高,所以在使用它的场合通常只用一点点的量。比如,一些高档汽车的火花塞里配备了末端用铱制造的微型电极,它的使用寿命可以支持汽车行驶16万千米,远远超过了传统火花塞里的电极。

铱

Pt

78

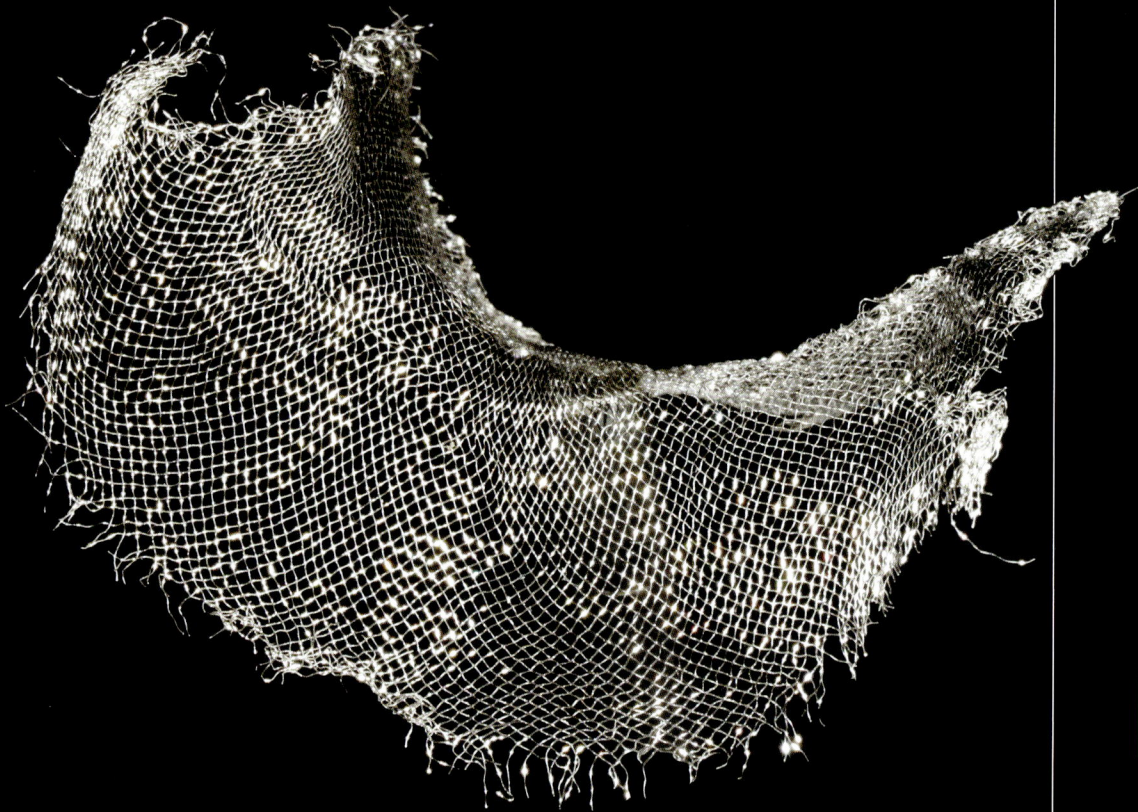

◄ 左图中的这块金属网很像蚊帐，但它其实是用铂丝制成的。它很适合实验室里的研究，但拿来做蚊帐未免就有点过分了。

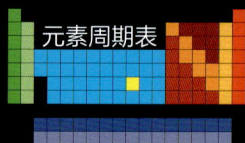
元素周期表

铂

铂是最负盛名的元素。当然，金（原子序数为79）也非常棒，但铂总是要更好一些。铂在地壳中的含量比其他类似的金属都要高一些，但因为它的需求量是如此之大，所以它的价格也很高。铂比任何其他金属都更能承受强酸的腐蚀和高温的考验，你能放到铂上面的所有东西几乎都难以将它腐蚀掉。

Au

▶ 右图中的这种金箔大概只有500个金原子摞起来那么厚，非常纤薄。因此，我们只能使用柔软的毛刷通过静电作用来拾取金箔。

元素周期表

金是所有金属的金标准。它天然就很昂贵，而其他金属并非如此。如果把人类历史上曾经开采出的所有金都聚在一起，大致能将其装进一个18米见方的立方体中。不可否认，金很美丽，它是唯一既有颜色又能永久保持其光泽的漂亮金属。"钻石恒久远"这句话其实应该改成"黄金恒久远"，因为只要灼烧钻石，就很容易将其破坏。在这一点上，它是比不上金的。

金

Hg

80

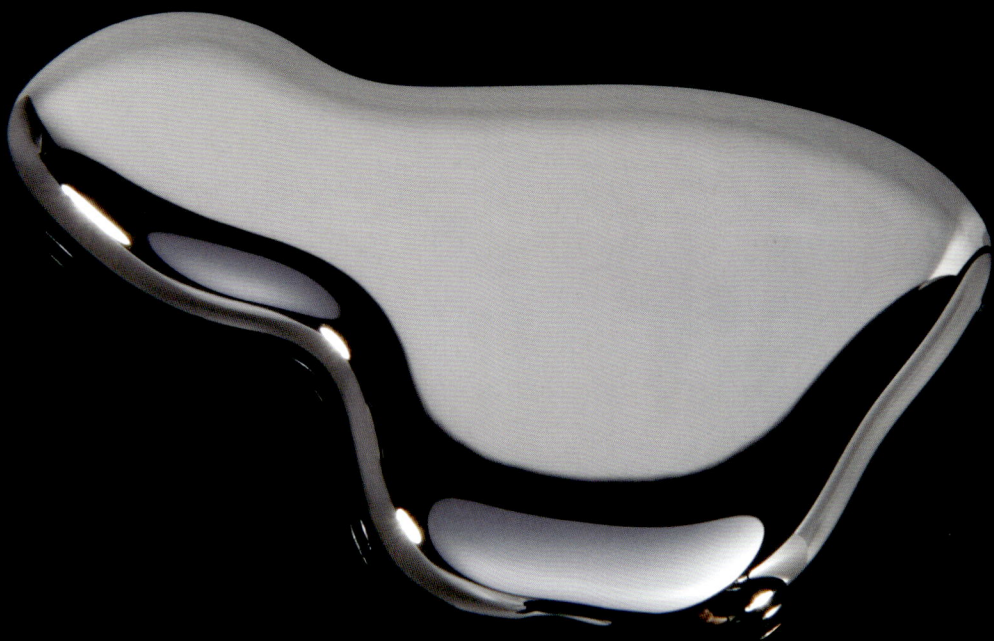

元素周期表

汞

　　汞（俗称水银）非常神奇。它的密度是如此之大，以至于如果你想在汞里洗澡，就会发现身体只会沉下去10厘米左右。有人真的这么做过，但这绝对不是个好主意！几千年来，汞一直被人们视为一种神奇、好玩的东西，但与此同时，它也一直在损害人们的中枢神经系统，让他们慢慢发疯。汞是最邪恶的毒药——直到多年之后已经受到损害了，你才会注意到它的作用。

▶ 这一大块金属铊平时被保存在保险柜里，因为它的毒性太大了。

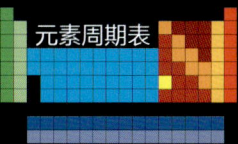

元素周期表

和砷（原子序数为33）一样，铊是一种剧毒元素，但在描写投毒杀人的悬疑推理小说中，铊并不算流行。如果你想检查一下自己是不是铊中毒的受害者，就可以对照这些症状是否存在，如呕吐、脱发、意识模糊、双眼失明、胃疼。嗯，你也许已经意识到了，这些症状也可能是由其他上百种因素引起的。

铊

Pb

82

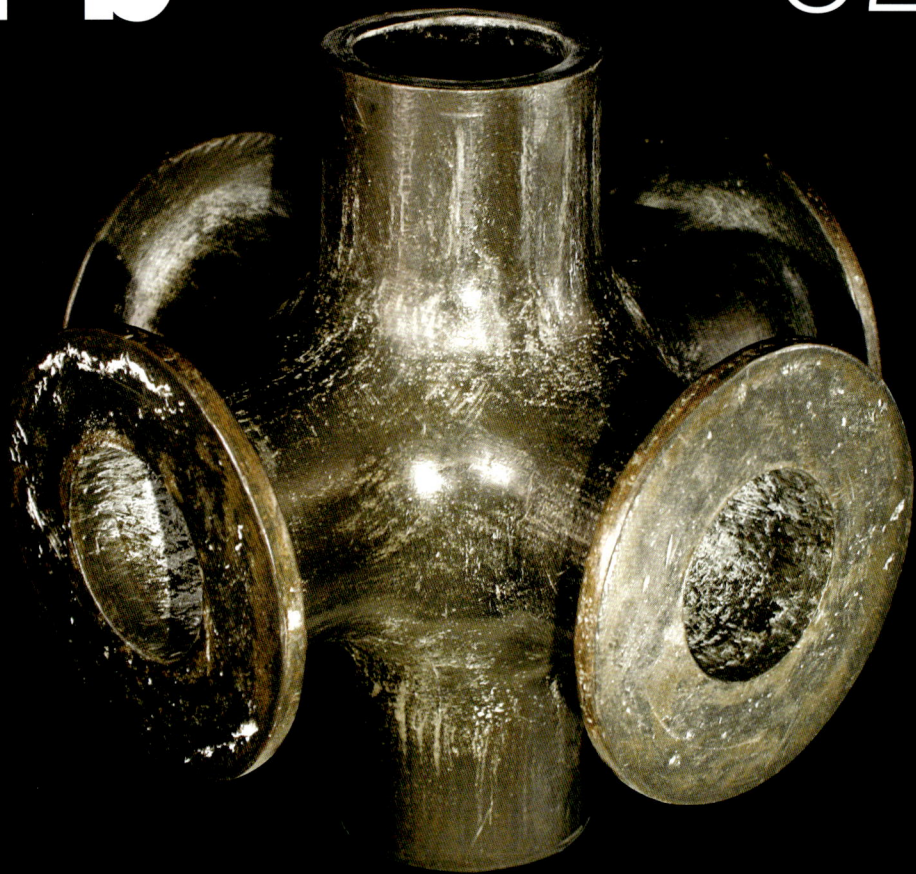

◄ 这个六通接头是一个
学习管道装配的学徒用
一块铅板锤打出来的。这
给他的老板留下了深刻
的印象。

元素周期表

铅

仅仅两克铅就可以夺人性命——当它从枪管里打出来的时候。铅是制造子弹时首选的金属材料，因为它的密度很高，很小一块就有很大的质量。就像我们在前面讨论的几种元素一样，铅有毒。它和汞（原子序数为80）一起在现代社会里造成了可怕的环境污染。

Bi

83

► 铯在冷却的时候会自动形成尺寸很大的V形晶体。当非常纯的铯以很缓慢的速度冷却时，它会长成巨大的晶体。右图中的这块晶体的高度超过了10厘米。

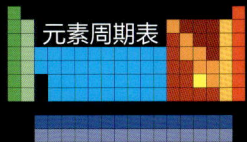

元素周期表

如果按照质量计算，佩普牌胃药中的活性成分有57%就是铋。考虑到铋在元素周期表中的位置介于有毒的铅（原子序数为82）和钋（原子序数为84）之间，这一点真的很奇怪。据我所知，铋的金属形态确实是完全无毒的。

铋

Po

84

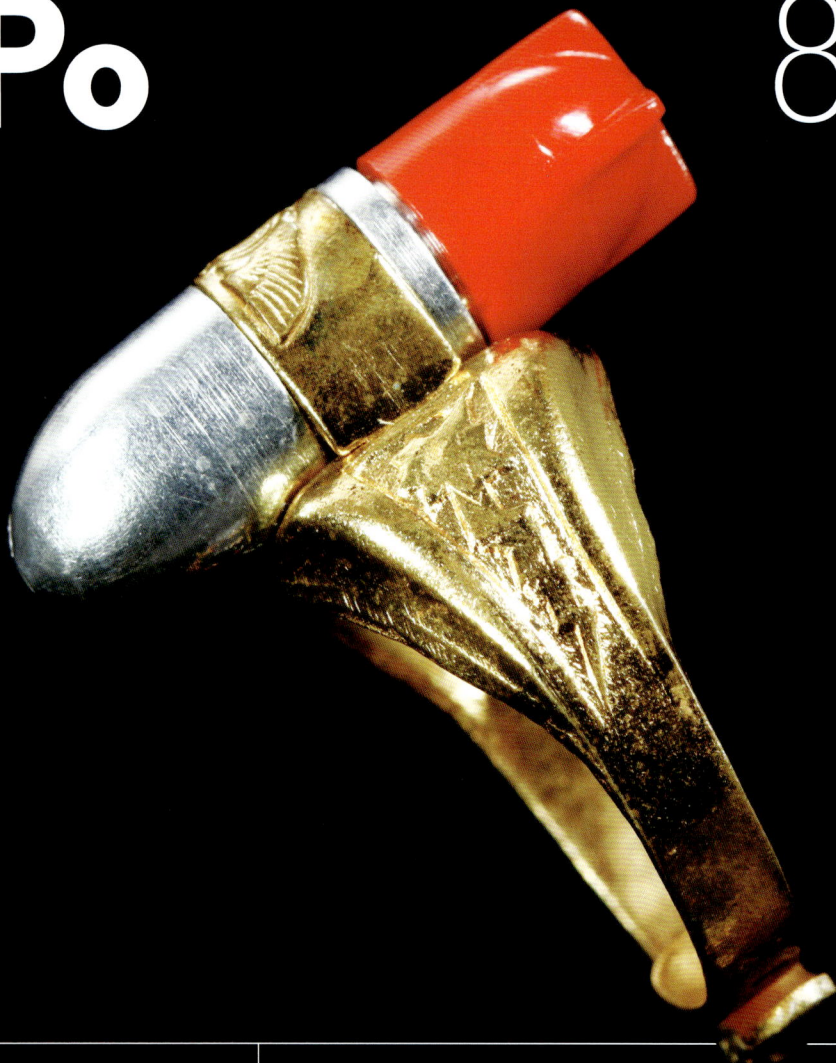

◀ 这个独行侠原子弹造型的闪烁镜指环含有一丝丝的放射性元素钋，从而让它能够在黑暗中闪闪发光。它是Kix牌麦片在1947年销售时附赠的玩具。这足以证明过去的人们对原子弹的看法和今天的截然不同。

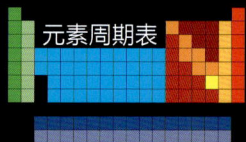

元素周期表

钋

钋是由玛丽·居里（1867—1934）和皮埃尔·居里（1859—1906）夫妇发现的，并以玛丽的家乡波兰来命名。现代钋最常见的用途是用在除静电刷中。这种刷子用来清洁留声机唱片，以去除其上能够吸附灰尘的静电荷。哦，等等，今天很少有人再使用唱片了。所以，我想我们应该把这归于历史上的应用才对。

At

85

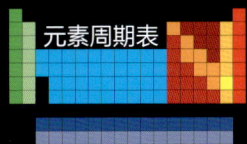

▶ 这种美丽的、带有荧光的铀矿石称作钙铀云母矿。在任意一个具体的时刻，它的里面可能含有砹原子，也可能不含砹原子。

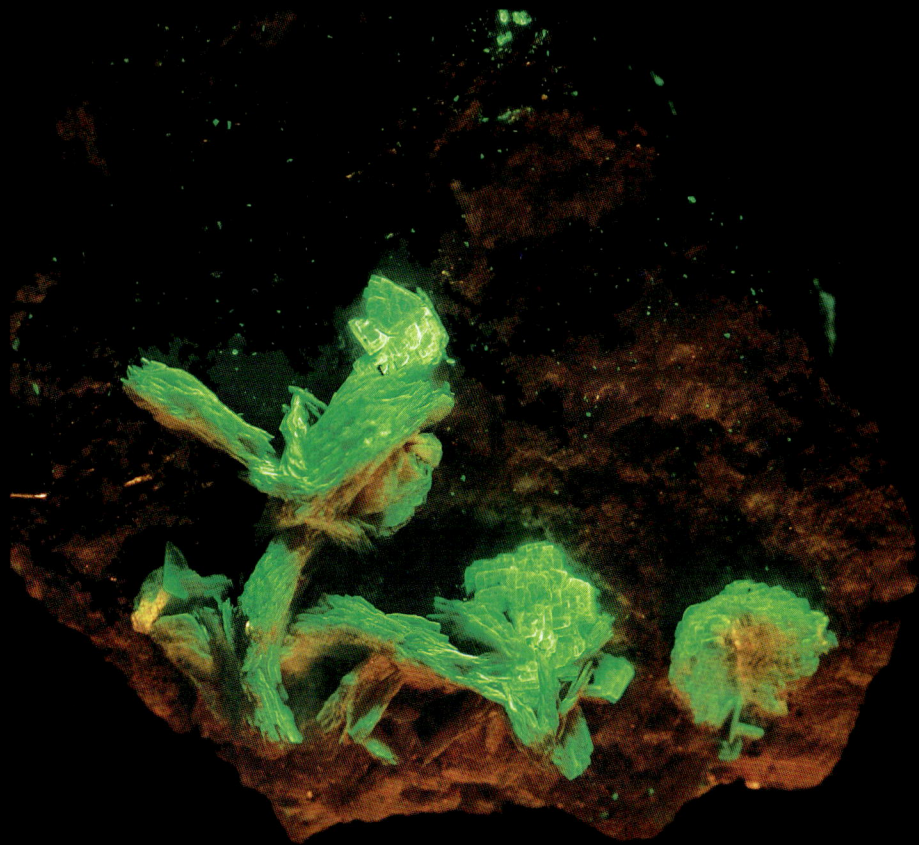
元素周期表

对于元素收藏者来说，砹元素的确让人感到沮丧。虽然它被认为是天然存在的，但砹元素的半衰期（半数原子发生放射性衰变所需的时间）仅为8.1小时。这意味着每当砹原子自然地产生时，它们都不会停留很长时间。尽管砹元素的半衰期很短，但人们仍在研究将它用于肿瘤的放射性治疗。

砹

Rn

86

◀ 这块球状的花岗岩代表了氡的主要来源——基岩中包含的铀元素和钍元素的衰变。花岗岩建筑（包括纽约市的大中央车站）都因为这些元素的存在而具有显著的放射性。

元素周期表

氡

氡气是一种密度较大的放射性气体，氡的半衰期仅为3.82天。尽管氡的半衰期很短，但它在你的周围并不罕见，因为它是由铀（原子序数为92）和钍（原子序数为90）衰变产生的，这两种元素大量存在于花岗岩的基岩之中。花岗岩建筑会产生一定的辐射，纽约市的大中央车站就因此而具有放射性。

▶ 如果你仔细观察的话，
也许能在这块钍矿石中
发现一个钫原子。

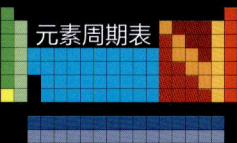

元素周期表

钫是天然存在的元素之中最不稳定的一种，也是人们从自然界中发现的最后一种元素。你猜得没错，它最初就是在法国被发现的，所以它的英文名字"francium"和"France"（法国）这个单词很相似。它的半衰期只有22分钟，目前还没有实际应用。

钫

Ra

88

◀ 通过手工用镭精心制作的表盘。这种做法直接导致了劳动安全法规的修订。

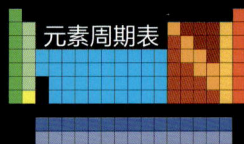

元素周期表

镭

　　镭，可以说就是20世纪初的钛（原子序数为22）。那个时候，每个人都想把自己的产品和这种神话般的元素联系起来。镭最著名的用途是制造发光的表针。女孩们用小画笔将含镭的涂料涂覆在这种表针上。为了让笔尖保持纤细的形状，她们总是会舔一下笔尖。糟糕的是，这种涂料有放射性！这些女孩纷纷病倒，其中一些还失去了生命。这一行为最终促使人们决定必须做点什么来保护工人的人身安全。

Ac

89

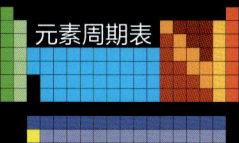

元素周期表

锕是锕系元素中的第一种元素，位于标准元素周期表最下面的一行。锕的放射性很强，以至于即使不用荧光屏，我们也能看到它在发光（而对于一些放射性比较弱的元素，我们就得用荧光屏才能看到它们发出的光）。虽然锕有一些科学实验上的应用，但它很少被制造出来和使用。

锕

Th 90

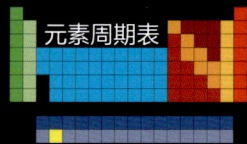

元素周期表

钍

在地壳中，钍的含量比锡（原子序数为50）要丰富，差不多是锡的含量的3倍。因为它的丰富含量，也因为其化学性质，它被人类使用了很多年，哪怕它具有放射性。比如，氧化钍曾用于制造露营灯，直到近年才被淘汰。当被气体燃烧的火焰加热时，氧化钍会发出明亮的光芒。

▶ 铜铀云母是一种铀矿石，具有漂亮的绿色外观。我选择用它代表镁元素是因为一种彻底的绝望：没有一种实用的方法能够获得或拍摄真正的镁元素。在这块矿石中，也许时不时地会有一两个镁原子存在吧。

元素周期表

镁是另一种让元素收藏者抓狂的元素。它的一种同位素的半衰期很长——约32760年。虽然一大块金属镁具有危险的放射性，但把它摆在一个漂亮的、含铅的展示柜里炫耀是完全可行的。事实上，除了少量的镁用于研究之外，你在哪里也找不到它，也就是说，你永远没办法去网购一块镁来收藏。

镤

U

92

◀ 在美国拥有一块纯的
金属铀是完全合法的（但
要确保不超过6.8千克）。
实际上，的确有这么几家
公司会将它们卖给元素
收藏者。左图中的这件藏
品重30克，就来自一家
这样的公司。

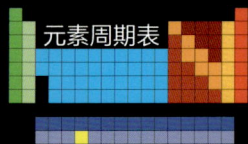

元素周期表

铀

人类在暴怒中第一次使用的原子弹的工作机理就是铀的裂变。如果不提这一点，就完全无法讲铀的故事了。那颗原子弹是在新墨西哥州的沙漠深处秘密制造的，并以迅雷不及掩耳之势于1945年在日本广岛上空引爆。多年来，

铀还被制成橙色釉料，用于涂在嘉年华上的那些漂亮的盘子上，而它们会通过辐射、重金属污染对人体造成伤害。然而，这并不能阻止人们使用这类盘子。

▶ 这块易解石标本来自挪威伊韦兰镇的莫兰。实际上，它的里面并没有任何镎元素，但它具有放射性。

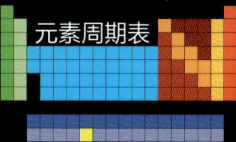

元素周期表

镎是人类发现的第一种超铀元素（就是在元素周期表里排在铀元素后面的那些元素），它是由加州大学伯克利分校的科学家在1940年发现的。铀常常被认为是最后一种在自然界中存在的元素，但科学家认为，由于铀衰变时发生的副反应，含铀的矿石中也应当存在极微量的镎元素。

镎

Pu 94

◀ 万幸，这个钚动力心脏起搏器的电池盒是空的。如果这是个真家伙，则未经许可而在人体之外的任何地方拥有它都是犯罪行为。

元素周期表

钚

钚通常称为"最毒的元素"。私人拥有钚元素是被法律严格禁止的，只有一个很小的例外情况：如今心脏起搏器都使用锂电池了，但还有少数人（具体数字无人知道）仍然在使用由钚热电池供电的旧型号心脏起搏器。在美国，使用这种心脏起搏器的人亡故之后，他的心脏起搏器会被取出，送回洛斯阿拉莫斯国家实验室。在那里，专业人员会妥善处置其中的钚元素。

Am

95

▶ 这个小圆片是从一个普通的离子型烟雾探测器里面拆出来的。它的下面有0.9居里镅元素（非常微小的量）。

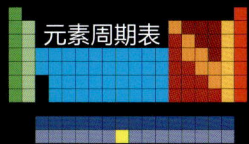

元素周期表

镅

镅的放射性明显强于武器级的钚（原子序数为94），至少与其相当。然而，你可以在五金店或超市里买到一些镅：几乎所有的烟雾探测器里都含有极微量的镅（别担心，它们的辐射弱到无法检测出来）。有了镅元素，我们就到达了元素收藏之旅的终点。这是在没有昂贵的特别许可证的前提下，普通人能够合法拥有的最后一种元素了。

Cm 96

元素周期表

锔

有趣的是，锔元素并不是由玛丽·居里和皮埃尔·居里这对充满活力的夫妇所发现的。他们发现了钋（原子序数为84）和镭（原子序数为88）。事实上，没有一种以人的名字来命名的元素是被这些人自己所发现的。锔是由加州大学伯克利分校的格伦·西博格、拉尔夫·詹姆斯和阿尔伯特·吉奥索，以及他们所领导的一个庞大的团队发现的。

Bk

97

▶ 加州大学伯克利分校的校徽，格伦·西博格等在这里发现了锫和其他多种元素。

元素周期表

在锫的同位素中，半衰期最长的一种达到了1380年。也就是说，如果你有1千克锫，把它静静地放置1380年，就只剩下0.5千克锫了。如果再把它放置1380年，你就只有0.25千克锫了，以此类推。人们几乎没有发现锫有什么实际的应用场景。

锫

Cf

98

THE GREAT SEAL OF THE STATE OF CALIFORNIA

EUREKA

◀ 加利福尼亚州的州徽，
锎元素就是以该州的名
字来命名的。

元素周期表

锎

锎是元素周期表中最后一种有实际用途的元素，它可以用在效果极强的中子发射器中。因为中子不带电荷，所以它们不会被带负电荷的电子和带正电荷的质子所排斥。这就意味着锎元素释放的中子很容易穿透各种普通的固态物质，并使其具有放射性。

Es

▶ 阿尔伯特·爱因斯坦（1879—1955，物理学家）是有史以来最著名的科学家之一。因此，以他的名字来命名元素也是很合理的。

元素周期表

要获得一个以你的名字来命名元素的机会可不是件容易的事情。与此相比，获得诺贝尔奖也没什么了不起的。诺贝尔奖得主已经有900多位了，而且人数每年都在增加，但能获得命名元素这种殊荣的人堪称凤毛麟角。不过，爱因斯坦是个非凡的天才，他在有生之年就已经是历史上最著名的科学家之一了，甚至永远都会是聪明绝顶的人物的典型代表。

锿

Fm

◄ 恩里科·费米（1901—
1954，美国物理学家），
镄元素就是以他的名字
来命名的。

元素周期表

镄

镄是以恩里科·费米的名字来命名的元素。
费米建造了世界上第一个核反应堆（名叫"芝
加哥一号堆"）。当然，这些都和镄元素本身没
有关系。就像接下来的另外18种元素一样，镄
元素并没有实际的应用场景。

从101号元素到109号元素，"虽然它们没有实际用途，但至少我们已经创造了足够多的元素，用肉眼能看得到它们"变成了"我们可以准确地说出这种元素已经被创造出了多少个原子，是在什么时候创造的"。当我们谈到镂元素（原子序数为109）时，它被创造出来的原子总共也只有数十个。元素周期表中这一部分元素的原子都太大了，太不稳定了，摆在一起也展示不了多长时间。根据*CRC Handbook of Chemistry and Physics*，我们可知其中寿命最长的钔元素（原子序数为101）的半衰期为56天，其次是𨧀元素（原子序数为105），它的半衰期仅为16小时。而"半衰期最短"的头衔则落到了镂元素头上，它的半衰期仅为4秒。

大部分超铀元素的命名是为了纪念某个人，这些人中的很多获得过诺贝尔奖，但并非全部。比如，德米特里·门捷列夫就没有获得过诺贝尔奖，因为当他发明元素周期表时，诺贝尔奖还没有设立呢。

Md 101

钔

阿尔弗雷德·诺贝尔（1833—1896，瑞典化学家、发明家、工程师）没有获得过诺贝尔奖，因为诺贝尔奖就是根据他的遗嘱设立的。

No 102

锘

锘元素使用这个名字是一个自然而然的选择：欧内斯特·劳伦斯（1901—1958，美国物理学家）建造了第一台能够工作的回旋加速器，而人们利用这类设备发现了诸多超铀元素，所以用他的名字来命名这种元素也很合理。

Lr 103

铹

Rf 104

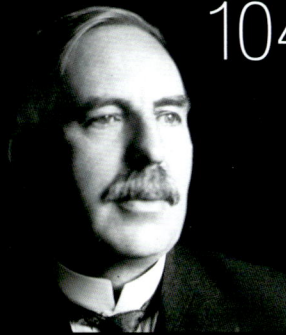

铲

欧内斯特·卢瑟福（1871—1937，英国物理学家）的年纪比劳伦斯还要大，他是第一个发现原子有原子核的人。

Db 105

𬭊

对于这种元素的命名，曾经有很多争论。不过，在1997年，人们最终同意用"𬭊"这个名字。该名字来源于杜布纳镇，这是俄罗斯的杜布纳联合原子核研究所的所在地。1968年，该研究所的科学家发现了这种元素。

Sg 106

𬭳

𬭳是以美国化学家格伦·西博格的名字来命名的。他和一些科学家共同发现了一系列超铀元素。这些元素是钚（原子序数为94）、镅（原子序数为95）、锔（原子序数为96）、锫（原子序数为97）、锎（原子序数为98）、锿（原子序数为99）、镄（原子序数为100）、钔（原子序数为101）、锘（原子序数为102）。当然，还有𬭳。

Bh 107

铍

尼尔斯·玻尔（1885—1962，丹麦物理学家）于1922年荣获诺贝尔物理学奖，这主要是由于他在研究原子的构成上所做出的重要贡献。如今，我们把他的理论叫作玻尔模型。

Hs 108

镙

镙这个名字来源于德国的黑森州，这种元素就是在那里发现的。这和锎（原子序数为98）的命名原因是一样的。

Mt 109

䥑

莉泽·迈特纳（1878—1968，奥地利和瑞典物理学家）没有获得过诺贝尔奖，主要原因竟然是她是女性，但她确实笑到了最后。许多人都认为，她应该与奥托·哈恩共同荣获1944年的诺贝尔物理学奖，以表彰她发现核裂变的重大贡献。然而，和用她的名字命名一种元素相比，诺贝尔奖也就无足轻重了。

现在，我们要谈到的一系列元素即使已经被发现了，但实际上并不存在。我的意思是说，在地球上并不存在这些元素的原子，除非当你读到这段话时，恰好有人打开了他们的重离子加速器，制造出了这些元素的几个原子。

Ds 110

钛

钛元素是以德国的达姆施塔特市来命名的，这里正是德国亥姆霍兹重离子研究中心所在地。

Rg 111

铼

威廉·康拉德·伦琴（1845—1923，德国物理学家，首届诺贝尔物理学奖得主）发现了X射线。这就有点滑稽了，以他的名字命名的这种元素在被创造出来之后瞬间就会发生衰变，但并不会发射X射线。

Cn 112

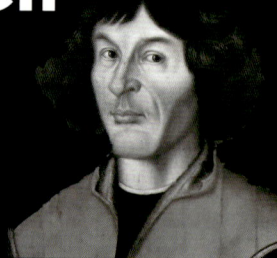

锔

锔元素于1996年被发现，但直到2009年才被正式命名。它也成为唯一的命名源于某个和化学与核物理学没有太大关系的人的元素（也许铼元素也是如此）。尼古拉·哥白尼（1473—1543，波兰天文学家、数学家）成名的主要原因是他是一位伟大的天文学家。

Fl 114

铁

1999年，俄罗斯杜布纳联合原子核研究所的一个研究团队发现了铁。但直到2011年12月之前，它都被称为"uuq"。最终，它被命名为铁，以该研究所的奠基人格奥尔基·弗廖罗夫（1913-1990，苏联物理学家）的名字命名。

Lv 116

铊

铊元素并不是由肝脏制造出来的。[1] 它的名字源于劳伦斯·利弗莫尔国家实验室，而这个实验室的名字则来自罗伯特·利弗莫尔。哪怕不是直接命名，以利弗莫尔先生的名字来命名元素也是一件非同寻常的事情，因为他并不是一名科学家。实际上，他是一名牧场主，而该实验室恰好建在他的土地上，所以就以他的名字来命名了。接着，这种元素又以该实验室的名字命名了。你看，这个名字的来历很曲折吧。

[1]该元素的英文名字的前半部分与单词"liver"（肝脏）相同。——译者注

2016年，最后的这4种元素的命名正式生效了。钅尔（原子序数为113）的名字源于"Nihon"（日本），镆（原子序数为115）以莫斯科命名，砶（原子序数为117）以田纳西州的名字来命名，氲（原子序数为118）以科学家尤里·奥加涅相（1933—，俄罗斯物理学家）的名字来命名。这也是有史以来第二种以当时还健在的人的名字来命名的元素（另一种元素是镄）。

　　2016年，我们到达了一个真正的里程碑。标准元素周期表中的118种元素都终于拥有了永久的名字。大功告成！永远不再需要新版本的元素周期表了。呃，也许吧。

　　实际上，没有一个真正的理由能够证明元素周期表就停留在第118号元素上。它只是最后一种符合现行的标准元素周期表排列方式的元素。因为我们还没有发现更重的元素，所以就没有必要在元素周期表里再添加新的一行。嗯，目前还没有发现。

Nh 113	**Mc** 115
Nihonium	
钵	镆
Ts 117	**Og** 118
Tennessine	
砎	鿫

收藏元素的乐趣

我从2002年开始收藏各种元素样品。我想，花30年的时间，我应该就能集齐其中的大部分元素了吧？这大部分要归功于eBay网站，以及我自己的痴狂——直到2009年。我大概收集了2300个样品，它们对应于每一种元素或其应用。收藏这些样品既不违反人世间的法律，也不违反大自然的法则。在本书之中，你已经看到了其中的许多宝贝。

引用ABBA的话说，"此乐何极，不枉此生！白驹过隙，勿失良机！"（ABBA是瑞典的一个音乐组合。）好吧，也许成为一个国际巨星比当一个元素收藏家更让人兴奋，但后者也有他的美好时光。

我特别喜欢在意想不到的地方去寻找那些古怪的元素样品。谁会想到在非常不干净的身体穿孔铺子里（离开后都想给自己消个毒的那种），你却能找到非常纯净的金属铌（原子序数为41）呢？你会想到沃尔玛超市出售造型简单的纯金属镁（原子序数为12）吗？它们的造型就像极简风格的砖头，除了用来证明"镁是一种易燃的金属"这个

事实之外，看不出它们有其他的功能。它们是摆在露营装备区出售的。你可以用你的猎刀在镁块上刮下几片碎屑，再用它附带的火石将碎屑点燃，这样就能顺利地燃起你的篝火了。

有些元素可供你进行大量的体验。比如，我放在办公室里的铁球重达61千克，可以绊倒路过的人。另一种最好用负责任、有节制的方式赏玩的元素是在办公室里保存的金属铀，但存量大了，人们就会问东问西。比如，当你保存的铀超过了6.8千克，美国联邦政府就会开始找你问话了。

收藏元素并不算是一个大众爱好。与那些一件又一件地收集化合物（矿石标本）、聚合物（塑胶手办）和金属片（各种钱币）的人相比，元素收集者很少，与他们相去甚远。其中部分原因是：即使只是为了安全地储存你的藏品，也需要有大量的化学知识。比如，金属钠在潮湿的地下室中可能会发生爆炸。但是，如果你愿意了解每种元素的来龙去脉，那么收藏元素样品很可能是一种非常有收获的体验。

▲ 本书作者沉浸在他收藏的元素样品之中。摆在他面前的是那张著名的木质元素周期表桌子，上面展示的是作者收藏的2300件元素样品中的一小部分，这些藏品是元素周期表中相应位置上的元素单质或其化学制品。

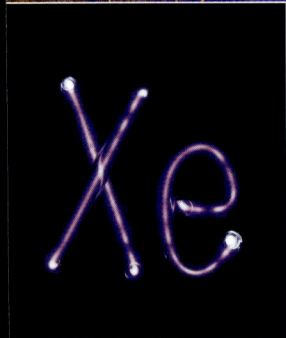

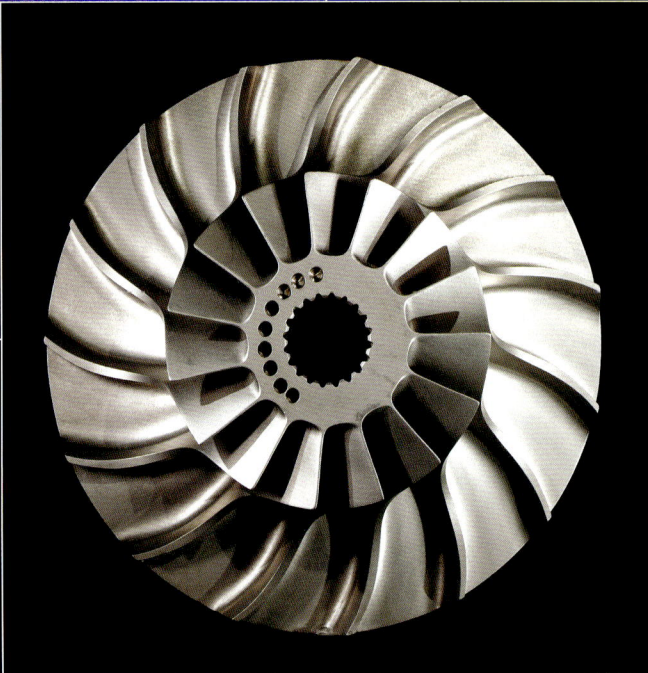

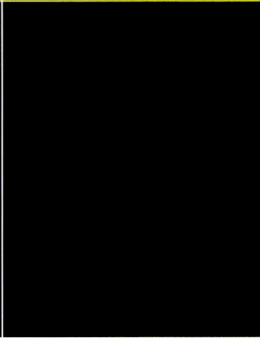

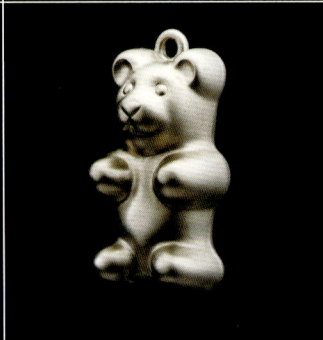

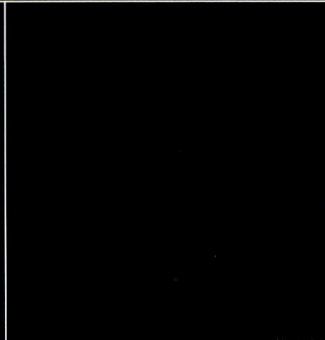

H

氢

L

锂

N

钠

K

钾

铷

R

铯

C

铯

F

钫

元素周期表

H 1 氢	He 2 氦

B 5 硼	C 6 碳	N 7 氮	O 8 氧	F 9 氟	Ne 10 氖

Li 3 锂	Be 4 铍											B 5 硼	C 6 碳	N 7 氮	O 8 氧	F 9 氟	Ne 10 氖
Na 11 钠	Mg 12 镁											Al 13 铝	Si 14 硅	P 15 磷	S 16 硫	Cl 17 氯	Ar 18 氩
K 19 钾	Ca 20 钙	Sc 21 钪	Ti 22 钛	V 23 钒	Cr 24 铬	Mn 25 锰	Fe 26 铁	Co 27 钴	Ni 28 镍	Cu 29 铜	Zn 30 锌	Ga 31 镓	Ge 32 锗	As 33 砷	Se 34 硒	Br 35 溴	Kr 36 氪
Rb 37 铷	Sr 38 锶	Y 39 钇	Zr 40 锆	Nb 41 铌	Mo 42 钼	Tc 43 锝	Ru 44 钌	Rh 45 铑	Pd 46 钯	Ag 47 银	Cd 48 镉	In 49 铟	Sn 50 锡	Sb 51 锑	Te 52 碲	I 53 碘	Xe 54 氙
Cs 55 铯	Ba 56 钡		Hf 72 铪	Ta 73 钽	W 74 钨	Re 75 铼	Os 76 锇	Ir 77 铱	Pt 78 铂	Au 79 金	Hg 80 汞	Tl 81 铊	Pb 82 铅	Bi 83 铋	Po 84 钋	At 85 砹	Rn 86 氡
Fr 87 钫	Ra 88 镭		Rf 104 ☢ 铲	Db 105 ☢ 𫓧	Sg 106 ☢ 𬭳	Bh 107 ☢ 𬭛	Hs 108 ☢ 𬭶	Mt 109 ☢ 䥑	Ds 110 ☢ 𫟼	Rg 111 ☢ 𬬭	Cn 112 ☢ 鿔	Nh 113 ☢ 鿭 Nihonium	Fl 114 ☢ 𫓧	Mc 115 ☢ 镆	Lv 116 ☢ 𫟷	Ts 117 ☢ 础 Tennessine	Og 118 ☢ 鿫

☢ 放射性元素

La 57 镧	Ce 58 铈	Pr 59 镨	Nd 60 钕	Pm 61 ☢ 钷	Sm 62 钐	Eu 63 铕	Gd 64 钆	Tb 65 铽	Dy 66 镝	Ho 67 钬	Er 68 铒	Tm 69 铥	Yb 70 镱	Lu 71 镥
Ac 89 ☢ 锕	Th 90 ☢ 钍	Pa 91 ☢ 镤	U 92 ☢ 铀	Np 93 ☢ 镎	Pu 94 ☢ 钚	Am 95 ☢ 镅	Cm 96 ☢ 锔	Bk 97 ☢ 锫	Cf 98 ☢ 锎	Es 99 ☢ 锿	Fm 100 ☢ 镄	Md 101 ☢ 钔	No 102 ☢ 锘	Lr 103 ☢ 铹